与最聪明的人共同进化

湛庐 CHEERS

HERE COMES EVERYBODY

CHEERS
湛庐

Foundations of Earth Science

极地深海地球科学

1

Frederick K. Lutgens

Edward J. Tarbuck

[美]

弗雷德里克·K. 卢金斯

爱德华·J. 塔巴克

著

彭玉恒 武于靖 朱晗宇 译

浙江教育出版社·杭州

地球的奥秘，你了解多少？

扫码加入书架
领取阅读激励

扫码获取
全部测试题及答案，
一起了解妙趣横生的
地球科学

- 如果我们把 46 亿年的地球历史压缩成一年，人类出现在什么时间？（　）（单选题）

  A. 3 月 31 日 19 : 10

  B. 11 月 15 日 23 : 00

  C. 12 月 26 日 14 : 30

  D. 12 月 31 日 23 : 49

- 海底每年都会沿着洋脊向两边扩张，年平均速度与（　）的长速大致相同。（单选题）

  A. 爬藤月季

  B. 珠穆朗玛峰

  C. 人类指甲

  D. 格陵兰鲨鱼

- 牙医用来钻牙釉质的钻头上会用到（　）。（单选题）

  A. 玛瑙

  B. 翡翠

  C. 钻石

  D. 滑石

扫描左侧二维码查看本书更多测试题

献给我的孙儿
艾莉森、劳伦、香农、艾米、安迪、阿里和迈克尔，
他们每个人都会有美好的未来

这是一本由浅入深、构建地球科学完整知识体系的通识读物，在这个阅读碎片化通行的当下，尤显珍贵。

季建清

北京大学地球与空间科学学院教授

本书含有趣的提问和符合现代研究进展的回答，"学伤"了的读者完全不需要担心。这套"妙趣横生的名校通识课"覆盖"天、地、生"，让你在快乐阅读的同时能收获满满。

刘华杰

北京大学科学传播中心教授

"妙趣横生的名校通识课"是一套由培生出版的经典读物，涵盖生物学、宇宙学和地球科学等多个领域。这套书的内容源自名校的优秀教授妙趣横生的课堂，通过问题引导和科学解答的方式，结合最新的科学发现和案例，帮助读者在探索中提升科学素养，激发对知识的兴趣。这是一套既有趣又充满智慧的通识读物，值得每一位爱好科学的读者细细品读。

苟利军

中国科学院国家天文台研究员

中国科学院大学教授

　　我常去给各种读者讲恐龙的故事，恐龙是我与他们之间沟通的桥梁。在我看来，这套"妙趣横生的名校通识课"中的一个个问题，也是一座座桥梁，连接起了读者的好奇心与自然世界。不仅如此，这套书还给大家展示了如何寻求问题答案的过程，这对于我们的思维方式养成至关重要。科学的精神包括好奇心、探索力、想象力，这套书能带你领略科学之美。

邢立达

青年古生物学者

知名科普作家

　　"妙趣横生的名校通识课"这套书的内容都取自世界名校杰出教授的课堂，涉及生物学、宇宙学和地球科学等多个领域，这些内容综合在一起，可以帮助读者更全面、更整体地理解世界。

　　鉴于我独特的成长经历，我对动物，尤其是昆虫有着特别的情感。昆虫是这个地球上当之无愧的王者，具有人类所不及的能力和高超生存智慧。同时我也知道，自然科学知识是现在很多人知识体系中缺失的一部分，而这套书提供了一个起点，可以让读者通过探究书中的问题和答案，填补知识空缺，了解自己周边的自然世界，汲取自然的"大智慧"。

陈睿

国内权威自然科普作家

科学教育专家

Foundations
of Earth
Science

目 录

赞 誉

第一部分 物质和矿物，生命的基石

01 矿物世界究竟什么样？

第二部分　火山和地震，地球内部的毁灭之力

Foundations
of Earth Science

引言

人类赖以生存的地球是一个复杂系统

2017 年 12 月，野火烧毁了加利福尼亚州南部崎岖山丘的大部分地区。这场山火之所以这样猛烈，是因为天气异常干燥，强烈、干燥的"圣安娜风"又助长了火势。

一个月后，野火肆虐的这一区域又经历了强降水。你可能会认为，厌倦了火灾的当地人会非常欢迎降水的到来，但人们反而立即警觉起来，因为经验告诉他们，在加利福尼亚州，山洪和泥石流经常在火灾之后暴发。果不其然，加利福尼亚州圣巴巴拉和蒙特西托附近的地区，降水量在两天内就达到了 10 厘米。由于能够稳固陡峭山坡的植被被烧毁，被雨水浸湿的山坡变得不稳定。这种情况导致大规模泥石流和山洪暴发，进而造成人员伤亡和财产损失。

这个例子表明，干旱等大气条件，以及将水从水圈转移到大气圈然后再到固体地球的过程，会对植物和动物（包括人类）产生深远的影响。你将在本章了解到，地球是一个复杂的系统，地球科学为我们提供了一种方法，用于研究系统的各个部分如何相互影响和相互作用。

理解地球不是一件容易的事，因为我们的星球不是个静止不变的"大家伙"。相反，它是一个由不同部分组成且各部分相互作用的动态主体，具有悠久而复杂的历史。壮观的火山喷发，岩石海岸的壮丽景色，以及飓风造成的破坏都是地球科学家研究的对象。地球科学是力图了解地球自身及其相邻星球的学科的总称。它包括地质学、海洋学、气象学和天文学。地球科学涉及很多引人入胜的问题，比如：

· 是什么力量创造了山脉？

· 为什么每天的天气都不一样？

· 冰河时代是什么样的？还会有另一个冰河时代吗？

· 我们的星球与太阳系中的其他行星有什么关系？

地球科学也涉及一些实际问题，比如，能否在特定地点成功打出一口水井？

地球科学，跨时空的旅行

想要学好地球科学，我们需要从更广阔的时间和空间尺度看待地球的历史。比如，你可以尝试把约46亿年的地球历史压缩为1年（见图0-1）。46亿年有多长？如果你以每秒一个数字的速度开始数数，并且一天24小时、每周7天从不间断，那么你需要150年才能数到46亿！

图 0-1 提供了一种有趣的方式来估量地球的年龄。尽管这些类比有助于理解地质年代的数量级概念，但无论它们有多么精妙，在帮助我们理解地球历史之久远方面所起的作用都十分有限。虽然如此，它们也帮助我们经历了思想的转变，让我们从认为 100 万年长到不可思议，到觉得 100 万年只是地球历史中的"眨眼之间"。

你知道吗？

地球的周长稍大于 4 万千米。一架速度为 1 000 千米/时的飞机需要 40 小时才能绕地球飞行一周。太阳具有太阳系 99.86% 的物质，周长是地球周长的 109 倍。一架相同速度的飞机需要 182 天才能绕太阳飞行一周。无论是地球，还是太阳系，都是地球科学研究的对象。

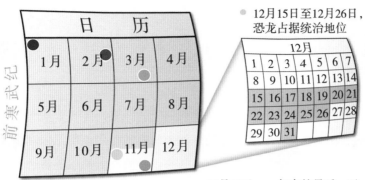

- 1月1日，地球诞生

- 2月12日，已知最早的岩石出现

- 3月末，最早的生命（细菌）出现

- 11月中旬，寒武纪开始。具有硬质骨骼结构的动物大量出现

- 11月末，动植物登上陆地

- 12月31日，一年中的最后一天

- 12月31日23：49，人类（智人）出现

- 12月31日23：58：45，冰期，冰川从五大湖区消退

- 12月31日23：59：45至23：59：50，罗马人统治西方

- 12月31日23：59：57，哥伦布发现新大陆

- 12月31日23：59：59.999，世纪之交

图 0-1 将地球的约 46 亿年历史压缩为 1 年

在这里需要引出地球科学一个非常关键的概念——**地质年代，即自地球形成以来的时间跨度，对许多非科学工作者来说，这是一个全新的概念。**人们习惯了以小时、天、周和年作为时间的单位。历史书研究的事件一般跨越几个世纪，但即使是一个世纪也很难充分了解。对大多数人来说，90 岁的人属于高龄，拥有90 年历史的老物件已经很有年代感了，而具有 1 000 年历史的文物已经属于古老的范畴了。

我们研究的某些事件发生在几分之一秒之内，比如闪电，而有些过程则跨越了几千万乃至几亿年，例如，高耸的喜马拉雅山脉从约 5 000 万年前开始形成，至今仍在演化。

　　在研究地球的过程中，对地质年代的量级的选择十分重要，因为很多地质过程太过平缓，在发生显著变化之前需要很长时间的积累。一亿年前发生的事件对地质学家来说可能只是"最近的"事件，一个距今 500 万年的岩石标本可能被认为很"年轻"。

　　看到这里，你也许已经发现了，地球科学的时间尺度和空间尺度是相互联系的。比如，科罗拉多河和其他外部过程的剥蚀作用创造了亚利桑那州的大峡谷这一自然奇观。对研究地史学的人来说，沿着大峡谷的南凯巴布步道向下徒步就是一场穿越时间的旅行。这些岩层中蕴藏着有关地球数百万年历史的线索。

　　此外，在研究地球时，我们必须学会适应从原子到星系等各种各样的空间尺度（见图 0-2）。

图 0-2　从原子到星系等空间尺寸

地球科学观察的现象涉及从原子到星系甚至更大的空间尺度。

地球科学，跨学科的学习

地球科学通常被视作在户外开展研究的科学，事实的确如此。地球科学家的许多研究基于大量的野外观察和实验，但是有些研究也会在实验室中进行。例如，对各种地球物质的研究可以令我们洞见一些基本过程，计算机模型的构建让我们能够模拟地球复杂的气候系统。**通常，地球科学家需要理解和应用物理、化学和生物学方面的知识和原理。**

地质学通常分为两大研究领域：地质学和地史学。地质学研究构成地球的物质，并力图了解在地球表面及地球内部发生的各种过程。地球是一个不断变化的动态行星。其内部过程引发地震，塑造山脉并制造火山结构（见图 0-3）。而地球表面发生的外部过程能够使岩石破裂并塑造各种各样的地貌。水、风和冰川的剥蚀效应造就了地表景观的多样性。因为岩石和矿物是在地球内部和外部过程的共同作用下形成的，所以对它们的分析与解释是我们理解地球的基础。

图 0-3 火山爆发

内部过程指的是发生在地表以下的过程。它们有时会导致地表重要特征的形成。

资料来源：Terray Sylvester/Reuters。

与地质学不同，地史学的研究目标是了解地球的起源和它在约 46 亿年间的演化。亚利桑那州的大峡谷的岩层中就蕴藏着地球历史的线索（见图 0-4）。地史学试图为地质历史上发生的大量物理和生物变化建立有序的时间序列。从逻辑上讲，地质学研究先于地史学研究，因为我们必须先了解地球是如何运转的，然后才能尝试揭示它的过去。

图 0-4　亚利桑那州的大峡谷

科罗拉多河和其他外部过程的剥蚀作用创造了这一自然奇观。对研究地史学的人来说，沿着大峡谷的南凯巴布步道向下徒步就是一场穿越时间的旅行。这些岩层中蕴藏着有关地球数百万年历史的线索。

资料来源：Michael Collier。

地球通常被称为"水球"或"蓝色星球"，因为海洋覆盖了地球 70% 以上的面积。要想了解地球，就必须了解地球上的海洋。第五部分将聚焦海洋学。

实际上，海洋学不是一门独立的学科，而是综合应用化学、物理学、地质学和生物学等多个学科来研究海洋的各个层面及它们之间相互关系的综合学科。海洋学的研究目标包括海水的成分和运动、海岸过程、海底地形和海洋生物等。

大陆和海洋被大气圈包围。在地球运动和太阳能的共同作用，以及陆地表面和海洋表面的共同影响下，虚无缥缈的大气可以制造各种天气，进而形成全球气候的基本特征。气象学是研究大气圈以及产生天气和气候过程的科学。同海洋学一样，气象学将多个学科综合在一起，对地球周围的稀薄大气圈进行研究。

地球在宇宙中的位置表明，将地球与浩瀚的宇宙联系起来才能更好地了解地球。由于地球与太空中的其他天体有关，因此天文学，即研究宇宙的科学，在探索地球的起源方面具有不可替代的作用。由于我们太了解我们所生活的星球，以至于很容易忘记地球不过是浩瀚宇宙中的一个微小球体。实际上，地球同样遵循着控制浩瀚宇宙中其他天体的物理法则。因此，要了解地球的起源，也可以从研究太阳系的其他成员入手。此外，我们应该记住，太阳系是银河系的众多恒星系之一，而银河系也只是众多星系之一。

地球科学是一门环境科学，致力于探索人与自然环境的紧密联系。地球科学解决的许多问题对人类具有极其重要的现实意义。

自然灾害是地球活动的一部分，每天会对全世界数百万人造成负面影响，并造成惊人的损失。地球科学家研究的自然灾害包括火山、洪水、海啸、地震、滑坡和飓风。当然，这些灾害本身只是一些自然过程。只有在这些过程发生在人类居住的区域时，才会成为灾害。

在历史的大部分时间里，大多数人生活在农村地区。然而，如今生活在城市的人口多于生活在乡村的人口。这种全球性的城镇化趋势使数百万人聚集在容易受自然灾害影响的地方。沿海地区正在变得越发脆弱，因为区域发展经常破坏湿地和沙丘等具有自然防御功能的地貌。此外，人类对地球系统的影响也对沿海地区的环境造成了一系列威胁，例如全球气候变化引发的海平面上升。土地使用不当、缺乏建筑经验让一些大城市频频发生地震和火山灾害，人口的快速增长更是令这一切雪上加霜（见图 0-5）。

资源对人类有重要的实用价值，包括水、土壤、各种金属和非金属矿物以及能源。它们共同构成了现代文明的基石。地球科学研究这些重要资源的形成、产生、持续供应以及资源的获取和利用对环境的影响。

与人类活动相关的最重要的环境问题之一是全球气候变化。在地球漫长的历史中，它的气候本来就发生着变化。然而，在现在和未来的气候变化中，人类活动的影响已经远远超过了地球的自然改变，这主要与化石燃料的燃烧有关。燃烧煤、石油和天然气使大气圈成分发生了改变，导致全球温度上升（见图 0-6）。全球变暖有许多潜在影响，包括海平面上升、更极端的天气事件，以及许多植物和动物物种的灭绝。

图 0-5　4·16 厄瓜多尔地震

2016 年 4 月 16 日，厄瓜多尔沿海地区发生了里氏 7.8 级地震。这是该区域数十年来最严重的地震。在地震中，约 700 人死亡，超过 1.2 万人受伤。自然灾害属于自然过程。只有当它们发生在人类居住的区域时，才会成为灾害。

资料来源：Bloomberg/Getty Images。

不仅地球的内部过程和外部过程会影响人类，人类也会对地球的内部过程和外部过程产生极大影响。人类活动改变了大气成分，引发了空气污染，导致全球气候变化。山体滑坡和洪水是自然现象，然而这些事件的规模和频率却可以因砍伐森林、建造城市、修建道路和水坝等人类活动而发生显著变化。但是，人类无法每次都准确预测自然系统适应人类改造的方式。因此，人类原本为了造福社会而改造环境，结果却常常适得其反。

图 0-6　人类影响大气圈

机动车、发电厂和其他人类活动的排放物是过去 100 年全球变暖的主要原因。

资料来源：Levi Bianco/Getty Images。

地球科学，跨圈层的联系

从太空看去，地球之美摄人心魄，地球之孤独令人震惊。从太空拍摄的地球照片提醒我们，人类的家园归根结底只是一个渺小、孤立、在某些方面甚至很脆弱的星球。拍摄《地球升起》（*Earthrise*）照片的阿波罗 8 号宇航员比尔·安德斯（Bill Anders）曾说："我们大老远地跑来探索月球，到头来最重要的发现却是认识了地球。"

图 0-7 是两张重要的照片，因为它使人类开始以前所未有的方式看待地球。20 世纪 60 年代末至 70 年代初，美国国家航空航天局（NASA）登月任务的这些早期照片极大地改变了人类对地球的认知。

　　研究地球的人都能够很快了解到，地球是一个不断发展变化的动态体，由许多独立但会发生相互作用的部分——圈层组成。水圈、大气圈、生物圈、地圈及其所有成分都可以单独进行研究。但是这些圈层间不是孤立的。每个圈层都以某种方式与其他圈层相联系，它们共同建构了一个复杂且不断相互作用的整体，我们称之为地球系统。

　　当从太空近距离观察人类居住的星球时，很明显，我们会发现，地球不只是由岩石和土壤构成的。实际上，图 0-7a 中最显著的特征是盘旋在广阔的全球海面上的漩涡状云团。这些景象强调了水在地球上的重要作用。

（a）　　　　　　　　　　　　　　　　　（b）

图 0-7　从太空看地球的两张经典图片

资料来源：Johnson Space Center/NASA。

　　图 0-7b 展示的从太空近观地球的景象可以帮助我们理解，为什么地球的物理环境通常会被分为三个主要圈层：地球上的水——水圈；地球的气体包裹层——大气圈；当然还有固体地球，或称地圈。应该强调的是，地球的环境是相互融合的，并不只是由岩石、水或空气中的一方主导的。相反，地球上的空气与

岩石、岩石与水、水与空气相接触，并不断发生相互作用。此外，生物圈是地球上所有生命组成的整体，它与三个圈层中的任何一个都有交集，与其他圈层同样重要。

地球环境各圈层之间的相互作用是无法估量的。图 0-8 提供了一个很容易想象的例子。海岸线是岩石、水和空气的交汇处。在此场景中，空气在水面上移动，产生海浪，海浪又撞击着岩石海岸。水又会侵蚀海岸线。

图 0-8　地球圈层间的相互作用

海岸线是地球系统的不同部分之间相互作用的界面。在图中，流动的空气（大气圈）引发的海浪（水圈）撞击着岩石海岸（地圈）。水的力量不容小觑，随之而来的剥蚀作用也非常显著。

资料来源：Medio Tuerto/Getty Image。

水圈。 地球有时被称为蓝色星球。水是地球变得独一无二的最主要因素。水圈是不断移动的动态水体，水分从海洋蒸发，进入大气，通过降水回到陆地，最后再次流回海洋。海洋无疑是水圈最突出的特征，它覆盖了近 71% 的地表，平均深度约为 3 800 米。海水占地球上水资源的 96% 以上，因此地球也被称作水行星（见图 0-9）。但是，水圈也包括地下、溪流、湖泊、冰川和云中的淡水。此外，水是所有生物的重要组成部分。

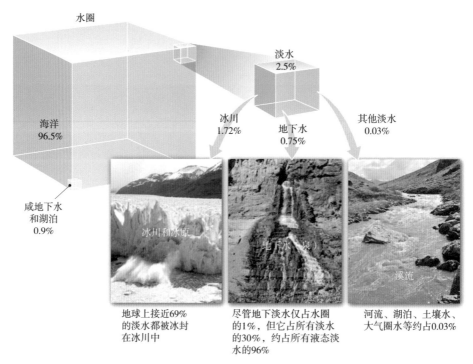

图 0-9　水行星

水在水圈中的分布。

资料来源：下方左侧图，Image Professionals GmbH/Alamy Stock Photo；下方中间图和右侧图，Michael Collier。

　　尽管淡水资源仅占地球水圈的很小一部分，但它们却至关重要。淡水对陆地上的生命至关重要，溪流、冰川和地下水还塑造了地球上的许多不同地形。

　　大气圈。地球被一层维持生命的气体包裹着，这层气体被称为大气圈（见图 0-10）。当我们看着一架在高空飞行的喷气式飞机穿过天空时，似乎感觉大气向上延伸了很远的距离。但是，与固体地球的厚度（半径）相比（约 6 400 千米），大气圈是很薄的。虽然是薄薄的一层，但这层空气"薄毯"仍然是地球不可或缺的一部分。它不仅提供了空气供人类呼吸，也保护人类免受太阳的强热和紫外线辐射的伤害。大气圈与地表之间、大气圈与宇宙之间不断进行着能量交换，这一过程会产生一系列效应，我们称之为天气和气候。气候对地球表面过程的性质和强度有很大影响。当气候变化时，地表的各种过程也会有所响应。

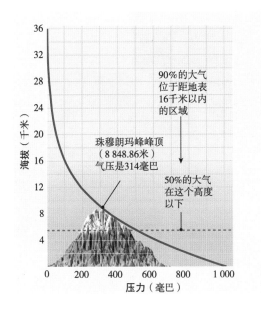

图 0-10　大气圈

大气圈是地球不可分割的一部分。气压是上面空气的重量所施加的力。该图显示气压在靠近地表的地方迅速降低，而在较高处则逐渐降低。

　　如果地球像月球一样没有大气圈，那么地球将一片死寂，使地表如此有活力的许多过程和相互作用都无法实现。如果没有风化和侵蚀，地表可能会更接近月球表面，在近 30 亿年中都不会发生明显变化。

　　生物圈。生物圈涵盖了地球上所有形式生命的存在（见图 0-11）。海洋生物集中分布于阳光能照射到的表层水域。陆地上的大多数生命也集中在地表附近，树根和穴居动物能抵达地下数米处，而飞虫和鸟类能抵达高于地面约 1 000 米处。还有惊人数目的生物可以适应极端环境。例如，在压强极高且无光线穿透的海底，喷口会喷出富含矿物质的高温液体，以维持奇异的生物群落的生存（见图

0-11b）。在陆地上，某些细菌会在 4 000 米深处的岩石以及沸腾的热泉中生存和繁殖。此外，气流可以将微生物带到几千米外的大气圈中。但即使存在这些极端情况，生物也主要分布在一个非常靠近地表的狭窄地带。

（a）

管虫

深海喷口

（b）

图 0-11　生物圈

生物圈，地球的四大圈层之一，包含所有生物。图（a），热带雨林生机勃勃，分布在赤道附近，每平方千米有数百种不同物种。图（b），一些生命生存在极端环境中，例如绝对黑暗的深海中。从深海喷口喷出的富含矿物质的高温液体滋养着微生物。这些微生物又供养着较大的生物体，例如管虫。
资料来源：图（a），age Fotostock/ Superstock；图（b），Image courtesy of NOAA PMEL Vents Program.

　　植物和动物依赖物理环境来维持生命。然而，生物不只是根据物理环境做出相应的反应。通过不停的相互作用，生物还维持和改变着它们所在的物理环境。如果没有生命，地圈、水圈和大气圈的构成和性质将与现在大不相同。

地圈。位于大气圈和海洋下方的就是固体地球，或者叫作地圈。地圈从地表向地心延伸，深度可达 6 400 千米，目前是地球各圈层中最大的一个。我们对固体地球的研究主要集中在更易接触的地表和近地表特征。值得注意的是，很多地表特征与地球内部的动态行为有关。

由于化学成分和物理性质的差异，地球内部也是分层的（见图 0-12）。根据化学成分，地球可分为三层：最致密的内部层叫作地核；密度稍小的是地幔；密度最小且最薄的地球外层是地壳。地壳的厚度并不均匀，在海洋下方最薄，在陆地部分最厚。虽然薄得多的地壳与地圈的其他层相比似乎没那么重要，但它也是在形成地球现今结构的那些过程中被创造出来的。因此，研究地壳能够帮助我们了解地球的历史和性质。

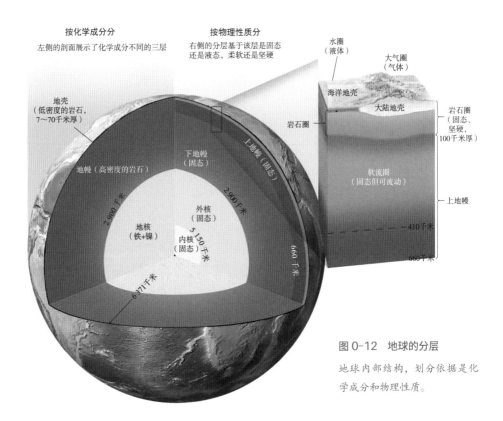

图 0-12 地球的分层

地球内部结构，划分依据是化学成分和物理性质。

根据物理性质对地球进行分层，反映了地球物质在不同的外力和应力作用下的行为。岩石圈是指刚性外层，包括地壳和上地幔。位于组成岩石圈的刚性岩石之下的是软流圈，这一层的岩石并不坚硬，并且会因地球深处热量的不均匀分布而缓慢流动。

地表的两种主要区域是大陆和洋盆。这两者最显著的区别就是它们的相对海拔。大陆的平均海拔约为 840 米，而海洋的平均深度约为 3 800 米。因此，大陆平均位于海床以上约 4 640 米。

土壤是植物赖以生长的地表薄物质层，我们可以认为土壤同时属于四大圈层。土壤的固体部分是风化的岩石碎片（地圈）和腐烂的动植物有机物（生物圈）的混合体。分解和破碎的岩石碎屑是空气（大气圈）和水（水圈）的风化过程的产物。空气和水也充斥在土壤的固体颗粒之间。

地球科学，跨系统的思考

系统是一组相互作用或相互依存的部分形成的一个复杂整体。大多数人都经常会听到和使用"系统"一词。我们可能会维修汽车的制冷系统，利用城市的交通系统。此外，我们知道地球只是太阳系这个大系统的一小部分，而太阳系又是银河系这一更大系统的子系统。

地球系统具有近乎无限多的子系统，物质在其中被不断地循环利用。水循环是一种人们比较熟悉的循环，循环也被称作子系统。它是指地球的水在水圈、大气圈、生物圈和地圈之间无止境地循环。水通过地表的蒸发和植物的蒸腾作用进入大气圈。水蒸气在大气中凝结形成云层，进而产生降水，并降落到地表。降落在地上的一部分雨水向下渗透，被植物吸收或变成地下水，还有一部分雨水则沿着地表径流流向海洋。

从长期来看，地圈的岩石在不断地生成、变化和再生成。一种岩石转化成另一种岩石的循环被称为岩石循环。后文将详细介绍岩石循环。地球系统的循环并非彼此独立。相反，在许多情况下，各个循环是相互联系、相互作用的。

　　地球系统的各个组成部分是相互联系的，一个部分的变化可能会导致其他部分乃至整个系统的变化。例如，火山喷发时，来自地球内部的岩浆可能会流向地表并阻塞附近的山谷；这个新障碍物可能会制造一个湖泊或使溪流改道，从而影响该地区的排水系统；喷发过程中排出的大量火山灰和气体可能会被吹到大气圈中，影响到达地表的太阳能总量；这个结果可能会使整个半球的气温下降。如果地表被熔岩流或厚厚的火山灰覆盖，现有土壤会被掩埋。这将导致土壤的形成过程重新开始，使新的地表物质转化为土壤（见图 0-13）。最终形成的土壤能够反映地球系统许多子系统间的相互作用，包括来自火山的物质、气候以及生物活动的影响。

图 0-13　新的土壤形成

1980 年 5 月，圣海伦斯火山喷发时，图中的地区都被火山泥流掩埋了。现在植被重新繁茂起来，新的土壤正在形成。

资料来源：左图，Terry Donnelly/Alamy Stock Photo；右图，USGS。

当然，生物圈也将发生重大变化。熔岩和火山灰一方面毁灭了某些生物及它们的栖息地，另一方面又创造了一些新的生态环境，比如因熔岩堤形成的湖泊。潜在的气候变化也可能影响对环境变化较为敏感的生物。

科学家意识到，要想更全面地了解地球，就必须研究地球的各个组成部分（陆地、水、空气和生命）之间的相互联系，这项工作被称为地球系统科学，它将地球视作一个由众多相互作用的部分或子系统构成的系统进行研究。

地球系统科学并不只是从地质学、大气科学、化学或生物学等某一门学科的角度对地球系统进行研究，而是试图整合多个学术领域的知识，形成一门综合性学科。通过运用跨学科的方法，地球系统科学研究者试图理解并解决全球的诸多环境问题。

地球系统的能量。地球系统有两个能量来源。第一个能量来源是太阳能。它是大气圈、水圈和地表发生的外部过程的驱动力。来自太阳的能量是形成天气和气候、洋流以及剥蚀过程的驱动力。第二个能量来源是地球内部。地球诞生时遗留下来的原始热能以及由地壳内放射性元素衰变不断产生的热能，驱动了地球的内部过程，塑造了火山、地震和山脉。

人与地球系统。人是地球系统的一部分，系统中的生命和非生命成分相互交织，相互联系。因此，人类的行为常会导致其他所有部分发生变化。当我们燃烧汽油和煤，处理垃圾并清理地面时，系统的其他部分常常会以无法预料的方式做出响应。

在本书中，你将了解地球的许多子系统，包括水文系统、构造（造山）系统、岩石循环以及气候系统，也将用地质学、海洋学、气象学和天文学扩充我们对自然世界的认识，探索更为广袤的地球空间。请记住，这些部分以及人类自身都是相互作用的复杂整体，都是地球系统的一部分。

Foundations
of Earth Science

第一部分

物质和矿物，
生命的基石

Foundations
of Earth Science

01

矿物世界究竟什么样？

妙趣横生的地球科学课堂

- 为什么治疗龋齿要用到钻石？

- 真金为什么不怕火炼？

- 矿物源自哪种"吸引力"？

- 为什么通过颜色来鉴定矿物并不完全可靠？

- 地壳中最常见的元素是什么？

当墨西哥奈卡的矿工们钻探进入一个地下 1 000 英尺深的洞穴，并把地下水抽出来时，他们的发现成了传遍世界的新闻。他们发现了一个充满巨型石膏晶体的洞穴，其中最大的石膏晶体有 3 层楼高，重达 55 吨。

人们想去观赏这些晶体需要走的路程几乎和这些晶体的大小一样令人震惊。位于地面下方几英里①的岩浆体将洞穴中的空气加热到 57.8℃，相对湿度超过 90%。正如探险家兼电视主持人乔治·库鲁尼斯（George Kourounis）所说："你一走进来就开始面临死亡了。"

为了让探险者们能在这种极端环境下存活 10 分钟以上，人们研制了一种特殊的制冷服和冰冻冷却呼吸系统。经过多年的研究，该地区的采矿作业已经收尾，向外不断抽水的工作也结束了。2017 年，洞穴恢复到最初被水淹没的状态。

矿工们是在寻找铅、银、锌和铜矿时无意中发现奈卡水晶洞穴的。这些金属只是地球上存在的无数矿物中的一小部分。

---

① 1 英里约为 1.6 千米；1 英尺约为 0.3 米；1 英寸为 2.54 厘米；1 磅约为 0.45 千克。华氏度（℉）与摄氏度（℃）的换算公式为：（华氏度 −32）×5/9= 摄氏度。此外，本书保留了部分英制单位。——编者注。

矿物是岩石的基本组成，因此我们从矿物学概述开始，介绍地球的物质原料。此外，人类将各种矿物用于实际生产和日常装饰已经有数千年的历史了。人类最早开采的矿物是燧石和硅质岩，它们被制成武器和切割工具。我们今天使用的计算机芯片中的硅就来自常见的矿物——石英。

早在公元前 3700 年，埃及人就开始开采黄金、银和铜。公元前 2200 年，人类已经掌握了将铜和锡结合起来制成一种坚硬的合金——青铜的方法。后来，人们发明了一种从赤铁矿等矿物中提取铁的工艺，这标志着青铜时代的衰落，铁时代开始。在中世纪时期，各种矿物的开采变得很常见，这推动了对矿物的正式研究。

现在，地质学家研究天然矿物，一方面是因为岩石和矿物具有经济价值，另一方面是因为通过这些岩石和矿物，我们可以观察和研究地球上的地质现象，比如火山爆发、造山运动、风化作用和侵蚀作用以及地震等。

在本章中，你将跟随矿物学家的脚步从矿物的基本特点、分类和组成部分出发，进一步了解矿物的晶体结构、化学成分和独特的物理性质。

Q1　为什么治疗龋齿要用到钻石？

大多数人对常见金属及其用途都很熟悉，比如制饮料罐的铝，制电线的铜，珠宝中的金银，等等。但有些人并没有意识到铅笔的"铅"其实主要是有油脂感的矿物——石墨，痱子粉和许多化妆品中都含有矿物——滑石。此外，许多人不知道牙医用来钻牙釉质的钻头上镶有钻石。事实上，几乎每一种工业制品都含有从矿物中获得的材料。

地球的地壳和海洋是各种实用且不可或缺的矿物的家园。有人认为矿石就是普通的石头，其实两者之间还是有区别的。矿物是岩石的基本组成部分。

矿物的定义

矿物一词有几种不同的使用场景。例如，那些关注健康的人经常宣扬维生素和矿物质的益处。采矿业通常用这个词来指代所有从地下开采出来的东西，如煤、铁矿石、沙子或砾石。一个名叫《二十问》（*Twenty Questions*）的猜谜游戏通常从"它是动物、植物还是矿物"开始。那么，地质学家究竟用什么标准来判定某种物质是否属于矿物呢？图 1-1 展示了一种发育良好的石英晶体。

图 1-1　发育良好的石英晶体

在美国阿肯色州热泉附近发现的发育良好的石英晶体。

资料来源：Jeffery A. Scovil。

地质学家将矿物定义为天然形成、具有有序的晶体结构、化学成分明确但存在稍许变化的无机固体。因此，被归类为矿物的地球物质具有以下特点：

· **自然形成**。矿物是通过地质过程自然形成的。那些在实验室中或人为干预下产生的合成材料不是矿物。

· **具有有序的晶体结构**。矿物是晶体物质，由有序、重复排列的原子（或离子）组成（见图 1-2）。这种有序的原子堆积表现为物体规则的形状，这种物体被称为晶体。一些天然形成的固体，如火山玻璃（黑曜石），不具有重复的原子结构，因此不是矿物。

· **是固体物质**。只有固体结晶物质才被视作矿物。冰（水的固体形态）符合这一标准，因此被视作矿物，而液态水和水蒸气则不符合这一标准。

- **一般是无机的**。天然存在于地下的无机结晶固体被归为矿物，如普通食盐（盐岩）。此外，有机化合物通常不是矿物。举一个常见的例子，糖是一种结晶固体，与盐相似，但它是从甘蔗或甜菜中提取出来的有机化合物。许多海洋动物会分泌无机化合物，比如以壳体和珊瑚礁的形式出现的碳酸钙（方解石）。如果这些物质被掩埋并成为岩石记录的一部分，地质学家就认为它们是矿物。
- **化学成分明确但存在稍许变化**。大部分矿物属于化合物，其组成可以用化学式来表示。例如，常见矿物石英的化学式为 SiO_2，表明石英由硅原子（Si）和氧原子（O）组成，其比例为 $1:2$。对于任何纯石英标本来说，无论来源是什么，硅与氧的比例都是 $1:2$。然而，一些矿物的组成会在特定、明确的范围内发生变化。这是因为某些元素可以替代其他大小相近的元素，且不改变矿物的内部结构。

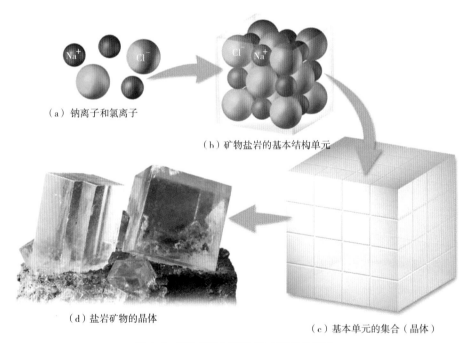

（a）钠离子和氯离子

（b）矿物盐岩的基本结构单元

（d）盐岩矿物的晶体

（c）基本单元的集合（晶体）

图 1-2　矿物盐岩中钠离子和氯离子的排列

原子（离子）排列成具有立方体结构的基本单元，最终形成规则的立方晶体。

什么是岩石

与矿物相比,岩石的定义更宽泛。岩石是天然形成的由任何矿物或矿物类似物组成的固体,是地球的一部分。大部分岩石通常是几种不同矿物的集合体,如图 1-3 所示的花岗岩。集合体一词是指多种矿物以某种方式结合在一起,但每种矿物都保留着各自的特性。要注意的是,组成花岗岩的不同矿物很容易识别。然而,一些岩石几乎完全由一种矿物组成,比如灰岩这种沉积岩就是比较常见的例子,它主要由不纯的方解石构成。此外,一些岩石由非矿物物质组成,包括火山岩黑曜石和浮石,它们是非晶体玻璃状物质。此外,煤作为一种特殊的岩石,由固态有机碎屑组成。

> ⌐ 你知道吗? ⌐
>
> 考古学家发现,2 000 多年前,罗马人就已经用铅管运输水了。实际上,罗马人在公元前 500 年至公元 300 年冶炼铅和铜矿石,导致格陵兰冰芯中有迹象显示大气污染小幅上升。

花岗岩(岩石)

石英(矿物)　　　　角闪石(矿物)　　　　长石(矿物)

图 1-3　花岗岩及其三种主要构成矿物的手工取样

Q2   真金为什么不怕火炼？

黄金是一种天然矿物，黄金的纯度以克拉数表示。24 克拉的黄金是纯金。小于 24 克拉的黄金是黄金和另一种金属（通常是铜或银）的合金（混合物）。例如，14 克拉黄金含有 14 份黄金（按重量计）和 10 份其他金属。

人们想要检验黄金是否够纯，可以用火烤一下，真正的黄金用火烤后，形状和表面颜色是不会发生任何变化的。要想了解为什么"真金不怕火炼"，就要深入矿物的内部，进入原子和元素世界进行学习。

所有物质，包括矿物在内，都是由微小的基本单位——原子组成的。原子是构成特定物质的最小粒子，无法通过化学反应进一步分解。原子又含有更小的粒子——位于原子中心原子核内的质子和中子，以及原子核周围的电子。原子的两种模型如图 1-4 所示。

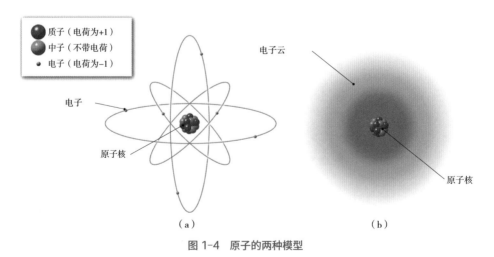

图 1-4   原子的两种模型

图（a），原子中央原子核的简化模型，由质子和中子组成，周围环绕着高速运动的电子。图（b），这个原子模型显示了围绕在原子核周围的球形电子云（电子层）。说明：该图并不是等比例绘制的。

质子、中子和电子的性质

质子和中子密度很大，质量几乎相同。相比之下，电子的质量大约是质子或中子的 1/2 000，可以忽略不计。为了更直观地说明它们的差距，假设质子的质量等于一个棒球的质量，那么电子的质量就相当于一粒大米的质量。

质子和电子都有一种名为电荷的基本属性。质子的电荷为 +1，电子的电荷为 −1。中子，顾名思义，不带电荷。质子和电子的电荷大小相等，但电性相反，因此，当这两个粒子成对时，电荷相互抵消。由于物质中带正电荷的质子和带负电荷的电子的数量通常相等，所以物质总是呈电中性。

有些插图有时显示电子绕原子核运动的方式与太阳系中行星绕太阳运动的方式相似（见图 1-4a）。但实际上电子并非如此运动。更确切的描述应该是，电子是一团围绕原子核的电子云（见图 1-4b）。针对电子排列的研究表明，电子绕原子核运动的区域叫电子层，每个电子层都有一个相应的能级，每一层只能容纳特定数量的电子，最外侧的电子层一般含有价电子。这些外层电子可以转移到其他原子中或与其他原子共用，以形成化学键。

宇宙中的大多数原子（除了氢和氦）都是通过核聚变在大质量恒星内部产生的，然后在炽热而剧烈的超新星爆发中被释放到星际空间。喷射物质冷却后，新形成的原子核会吸引电子以完成原子结构。在地球的表面温度下，自由原子（没有与其他原子结合的原子）通常都拥有完整的电子，即原子核中的每个质子对应一个电子。

元素：由质子数定义

最简单的原子的原子核中只有一个质子，而有些原子则有 100 多个质子。原子核中的质子数，又被称为原子序数，决定了原子的化学性质。质子数相等的原子具有相同的化学性质，它们共同构成一种元素。目前有约 90 种天然存在的元素，还有一些元素是在实验室合成的。你可能对许多元素的名字很熟悉，比如碳、氮和氧。所有的碳原子都有 6 个质子，而所有的氮原子都有 7 个质子，所有的氧原子都有 8 个质子。

元素周期表是科学家用来组织排列已知元素的一种方式（见图 1-5）。在这个重要的参考工具中，具有相似属性的元素被排列在同一列中，每一列被称为一个族。每一种元素都由一个或两个字母组成的符号来表示。元素周期表还显示了每个元素的原子序数和原子质量。

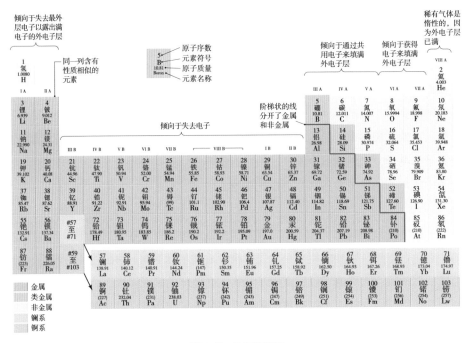

图 1-5　元素周期表

原子是地球矿物的基本组成部分。大多数原子可以与其他原子相结合形成化合物，即由两种或两种以上元素的原子通过化学键结合在一起形成物质，比如常见的矿物石英（SiO_2）、盐岩（NaCl）和方解石（$CaCO_3$）。然而，一些矿物，如钻石、硫、天然金和天然铜（"天然"指的是在自然界中以纯净物形式存在的金属），完全由单一元素的原子组成（见图 1-6）。

石英上的金　　　　　　　　硫黄　　　　　　　　　铜

图 1-6　几种由单一元素组成的矿物

Q3　矿物源自哪种"吸引力"？

　　在地球条件下，大部分元素的原子会与其他元素的原子相结合（除稀有气体元素外；它们不易与其他元素结合）。原子结合后，有些形成离子化合物，有些形成共价化合物，还有些形成金属物质。为什么会发生这种情况？实验表明，电场力将原子捆绑结合在一起。这种电吸引力会降低键合原子的总能量，进而使它们更加稳定。

八隅规则和化学键

　　化学键是一种电子的转移或共享，它所连接的两个原子都能获得满的价电子层。如前所述，外层价电子常常会参与化学键的形成。图 1-7 显示了一种表示某种元素的价电子数的速记法。第Ⅰ族中的元素有 1 个价电子，第Ⅱ族中的元素有 2 个价电子，第Ⅷ族中的元素有 8 个价电子。

　　根据这一现象可以推出一个化学准则：八隅规则，即原子倾向于获得、失去或共享电子以使自己被 8 个价电子环绕。虽然八隅规则也有例外，但在理解化学键时这是一个很有效的经验法则。当原子的最外层少于 8 个电子时，它很可能与其他原子结合以使最外电子层具有 8 个电子。稀有气体具有 8 个价电子的极稳定电子排布（氦除外，它只有 2 个价电子），因而不易发生化学反应。化学键主要有三种：离子键、共价键和金属键。

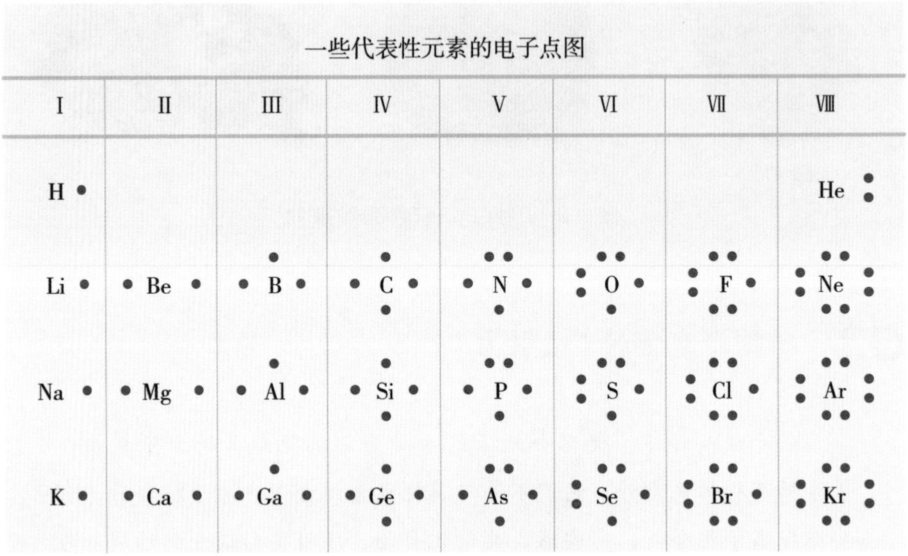

图 1-7　一些元素的点图

每个点代表原子最外层电子层的价电子。

离子键：电子的转移

离子键也许是最容易想象的一种化学键，在这种键里，一个原子把它的一个或多个价电子转移给另一个原子并形成离子——带正电荷或负电荷的原子或原子团。失去电子的原子变成阳离子，获得电子的原子变成阴离子。电性相反的离子强烈地相互吸引，并结合到一起形成离子化合物。

现在我们思考一下让钠（Na）和氯（Cl）结合生成固态离子化合物氯化钠——矿物盐岩（普通食盐）的离子键。注意，在图 1-8a 中，钠原子把它唯一的价电子转移给了氯原子，结果变成带正电荷的钠离子（Na⁺）。相应地，氯原子获得一个电子,成为带负电荷的氯离子(Cl⁻)。我们知道,电性相反的电荷相互吸引,因此,离子键就是电性相反的离子间的吸引力,最终形成电中性的离子化合物。

图 1-8b 说明了普通食盐中钠离子和氯离子的排列方式。请注意,盐由交替排列的钠离子和氯离子组成,阳离子的每一边都被阴离子包围并受到阴离子的吸引,反之亦然。这种排列使带有相反电荷的离子间的吸引力达到最大,也使带有相同电荷的离子间的排斥力最小。因此,离子化合物是由电性相反的离子以一定比例有序排列而形成的,这种比例保证了离子化合物整体呈电中性。

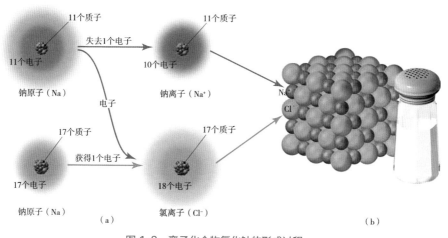

图 1-8 离子化合物氯化钠的形成过程

图(a),电子从钠原子(Na)转移到氯原子(Cl),形成了钠离子和氯离子。图(b),固态离子化合物氯化钠(NaCl)——食盐中钠离子和氯离子的排列。

化合物的性质与组成它的各种元素的性质有很大不同。例如,钠是一种柔软的银色金属,有毒性,极易发生化学反应。即便只误食了很少量的钠,都需要立即就医。氯气是一种绿色有毒气体,毒性很大,第一次世界大战期间曾被用作化学武器。然而,这两种元素结合形成的氯化钠却是一种无毒的调味品,也就是我们一天也离不开的食盐。因此,当元素结合形成化合物时,它们的性质就会发生显著变化。

共价键：电子的共享

一对原子之间可以通过共价键共用一个或多个价电子，比如氢分子（H_2）。氢是八隅规则的例外之一：它的唯一一个电子层需要两个电子才能填满。想象两个彼此靠近的氢原子（每个氢原子包含一个质子和一个电子），如图 1-9 所示。它们相遇之后，电子排布就会发生变化，变为这两个电子占据两个原子间的空间。换句话说，两个氢原子将共用这两个电子，两个原子核中的质子所带的一个正电荷也将同时被这两个电子吸引。在这种情况中，氢原子不会形成离子。将两个原子聚集在一起的力仍是电性相反的粒子间的吸引力，即原子核中带正电荷的质子和核外带负电荷的电子之间的吸引力。

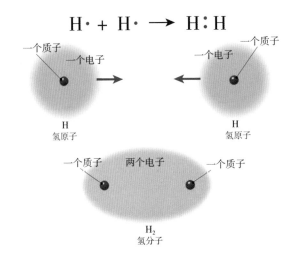

图 1-9　共价键的形成

当氢原子键合时，带负电荷的两个电子将同时被两个氢原子共用，也将同时被两个原子核中带正电荷的质子吸引。

金属键：自由移动的电子

一些矿物，比如天然金、银和铜，完全由金属原子组成，这些金属原子以有序的方式紧密地结合在一起。每个原子将其价电子贡献给公共电子池，这些电子可以在整个金属结构中自由移动，把所有原子键合在一起。贡献出一个或多个价电子的原子变为一系列阳离子，浸没在价电子的"海洋"之中。

带负电荷的电子"海洋"与带正电荷的离子之间的吸引力形成金属键(见图 1-10),它使金属具有独特的性质。金属是良好的电导体,因为价电子可以在原子间自由移动。金属还具有良好的延展性,这意味着金属可以被锤打成薄片;金属还有良好的韧性,所以金属可以被拉伸成细丝。相比之下,离子化合物和共价化合物在力的作用下往往很脆弱、易断裂。为了将金属键、离子键和共价键之间的差异具象化,请想象一下金属叉子和陶瓷餐盘分别掉在地板上会发生什么。

每个金属原子的内核总体带正电荷,
由原子核和内层电子组成

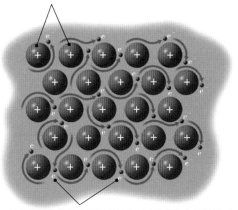

图 1-10 金属键

每个原子将价电子贡献给公用电子池,
这些电子在整个金属结构中自由移动,
就形成了金属键。

带负电荷的外层电子组成的电子"海洋"包围着带正
电荷的离子,这些电子可以在整个结构中自由移动

Q4 为什么通过颜色来鉴定矿物并不完全可靠?

虽然矿物具有不同的颜色,但只是少数几种矿物可以靠颜色来鉴别。这是因为很多矿物颜色多变。例如,萤石中的少量杂质就可以使它变成各种颜色,包括粉红色、紫色、黄色、白色和绿色(见图 1-11)。其他矿物也可以表现出多种颜色,比如石英,这些颜色有时甚至出现在同一个标本上。因此,颜色往往是模棱两可的鉴别手段,甚至会误导我们。

图 1-11　矿物的多种颜色

有些矿物，如萤石，具有多种颜色。

颜色在同一矿物的不同标本中可能有所差异，这种特性被称为模糊特征。如果颜色不可靠，那如何鉴定各种不同的矿物呢？其实，矿物具有明确的晶体结构和化学成分，这使得某种矿物的所有标本无论形成于何时何地，都具有区别于其他矿物的独特物理和化学性质。例如，矿物石英的两个标本具有相同的硬度和密度，并以相似的方式发生断裂。然而，由于离子取代、外来元素（杂质）的包裹体，以及晶体结构中的缺陷，单个标本的物理性质可能会在特定范围内变化。某些方法在识别未知矿物时特别有用，这些方法被称为鉴别特征。例如，矿物盐岩具有咸味，很少有其他矿物具有这种特征，因此这种味道成为盐岩的鉴别特征。

接下来，我们将一起了解 4 个维度的矿物特征：光学特征、晶形（crystal shape）或晶体习性（crystal habit）、矿物强度、密度。

光学特征

矿物的光学特征，比如光泽、颜色、条痕、透明度常用于矿物鉴定。

光泽。光在矿物表面反射后的外观或特性被称为光泽。具有金属外观的矿物，无论颜色如何，都具有金属光泽（见图 1-12a）。一些金属矿物，如天然铜和方铅矿，暴露于空气中时会产生暗淡的膜层而失去光泽。因为这些标本不像标本的新鲜断面那么闪亮，因此通常说它们呈现亚金属光泽（见图 1-12b）。

大多数矿物具有非金属光泽，可以用其他形容词来描述。比如一些矿物被描述为具有玻璃光泽。其他非金属矿物可能具有暗淡的泥土样光泽或珍珠光泽（类似于珍珠或蚌壳的内部）。还有一些呈现丝绢光泽（类似于绸缎）或油脂光泽（好像涂上了油）。

（a） （b）

图 1-12 金属与亚金属光泽

图（a），刚破碎的方铅矿标本呈现金属光泽。图（b），暴露在空气中的方铅矿标本较为暗淡，具有亚金属光泽。

条痕。条痕就是矿物的粉末的颜色，是识别矿物的有效手段。在条痕板（一块没有上釉的陶瓷板）上摩擦矿物并观察其留下的印记的颜色，就能获得矿物的条痕（见图 1-13）。虽然矿物的颜色可能因标本而异，但其条痕的颜色通常是一致的。（应该注意的是，并不是所有矿物在条痕板上摩擦时都会产生条痕。例如，矿物石英比条痕板更硬，因此不会留下条痕。）

矿物（黄铁矿）

颜色（黄铜色）

条痕（黑色）

图 1-13 条痕

颜色并不总是有助于识别矿物，但条痕，即粉末状矿物的颜色，是非常有效的识别手段。

资料来源：Dennis Tasa。

条痕还可以帮助区分具有金属光泽的矿物和具有非金属光泽的矿物。具有金属光泽的矿物一般具有深色条痕，而具有非金属光泽的矿物一般具有浅色条痕。

透明度。透明度是一种用于鉴定矿物的光学特性。如果没有光能透过矿物标本，矿物即为不透明的；如果光能透过标本但看不到完整图像，就说矿物是半透明的。当光和图像都能透过标本而被看清时，矿物就是透明的。

晶形

矿物学家使用晶形来表示单个晶体或晶体集合体的常见形状或特征形状。有些矿物倾向于在三个维度均匀生长，而有一些矿物有一个

> ┄● 你知道吗？ ●┄
>
> crystal（晶体）一词源自希腊语，最早仅指石英晶体。古希腊人认为石英是在地球深处因高压而结晶的水。

维度的生长被抑制时，往往会朝另一个方向伸长或扁平生长。少数矿物具有易于识别的正多边形外观。例如，磁铁矿晶体有时以八面体的形式出现，石榴石往往呈十二面体，而盐岩和萤石晶体往往以立方体或近立方体的形态生长。大部分矿物通常只有一种常见的晶形，但少数矿物会有两种或两种以上的特征晶形，如图 1-14 所示的黄铁矿标本。

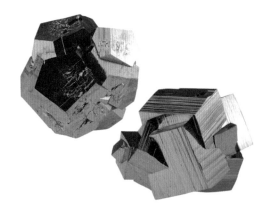

图 1-14　黄铁矿的常见晶形

虽然大多数矿物只表现出一种常见晶形，但有些矿物，比如黄铁矿，具有两种或两种以上的特征晶形。
资料来源：Dennis Tasa。

此外，有些矿物标本由多个共生且具有特征形状的晶体组成，很容易识别。

通常用来描述晶形的术语有等轴、纤维状、片状、扁平状、立方体状、棱柱状、板状、块状、带状。其中一些晶形如图 1-15 所示。

（a）石棉样本　　　　　　　（b）亚硒酸盐石膏样本

（c）玛瑙样本　　　　　　　（d）盐岩样本

图 1-15　常见的晶形

图（a），破裂成纤维状的细柱状晶体。图（b），在一个方向上扁平生长的片状晶体。图（c），具有不同颜色、不同纹理条纹或条带的矿物晶体。图（d），一组立方体状晶体。

资料来源：图 B 至图（d），Dennis Tasa。

矿物强度

矿物学家用硬度、解理（cleavage）、断口和韧性等术语来描述矿物的强度和受到应力时矿物破裂的方式。矿物在应力作用下是否容易断裂或变形，取决于将晶体连接在一起的化学键的类型和强度。

硬度。 硬度是最有用的鉴别特征之一，用于衡量矿物对磨损或划擦的抵抗能力。用未知硬度的矿物去摩擦已知硬度的矿物，就能确定前者的硬度。硬度值可以通过莫氏硬度表得出，这一硬度等级表将 10 种矿物按从 1（最软）到 10（最硬）的顺序排列，如图 1-16a 所示。需要注意的是，莫氏硬度表只是一个相对等级，它并不意味着硬度为 2 的矿物（比如石膏）是硬度为 1 的矿物（比如滑石）硬度的 2 倍。实际上，石膏只比滑石稍微硬一点点，如图 1-16b 所示。

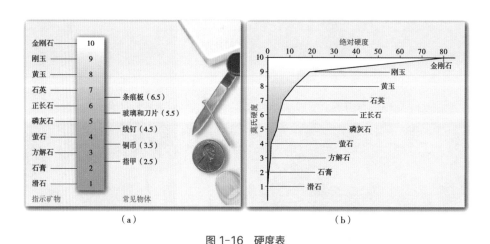

图 1-16　硬度表

图（a），莫氏硬度表，显示了一些常见物体的硬度。图（b），莫氏硬度与绝对硬度的关系。
资料来源：Dennis Tasa。

在实验室中，其他常见物体也可以用来测定矿物的硬度。比如，人的指甲的硬度约为 2.5，铜币的硬度为 3.5，玻璃的硬度为 5.5。硬度为 2 的矿物石膏很容易被手指甲划出擦痕。而硬度为 3 的矿物方解石能划破指甲，但无法划破玻璃。石英是最坚硬的常见矿物之一，它能轻易划破玻璃。金刚石是最坚硬的物体，可以划破任何矿物，甚至包括其他金刚石。

解理。 在许多矿物的晶体结构中，一些化学键相对较弱。当受到应力作用时，矿物往往会沿着这些脆弱的化学键断裂。解理就是矿物沿着化学键较弱的平面断裂的特性。不是所有矿物都有解理，但是如果矿物断裂时会形成较为光滑、平坦的表面，则可以认为这种矿物具有解理。

最简单的一种解理出现在云母中（见图 1-17）。因为云母在某一方向上的化学键很弱，所以会裂成扁平的薄片。有些矿物在一个、两个、三个或更多个方向上都有很明显的解理，而有些矿物的解理不是特别清晰，还有一些矿物则根本没有解理。当矿物不止沿一个方向均匀破裂时，我们就用解理方向的数目和解理交角来描述解理（见图 1-18）。

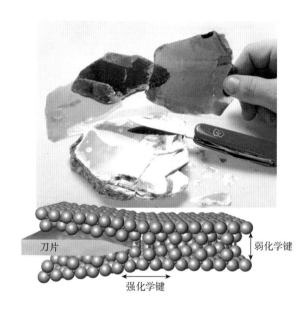

图 1-17　云母的完美解理

图中的薄片即为一个解理面。

资料来源：Chip Clark/Fundamental Photographs。

每一个方向不同的解理面都算作一个不同的解理方向。例如，一些矿物会破裂形成六面立方体，比如盐岩。因为立方体由三组方向不同、以 90 度相交的平行面组成，所以这种矿物盐岩的解理被描述为以 90 度相交的三个方向的解理。

一定不要把解理与晶形相混淆。如果矿物有解理，它破碎时就会形成几何形状相同的碎片。相比之下，图 1-1 所示的表面光滑的石英晶体是没有解理的。石英会破裂成彼此不同的形状，并且与原始晶体的形状也不一样。

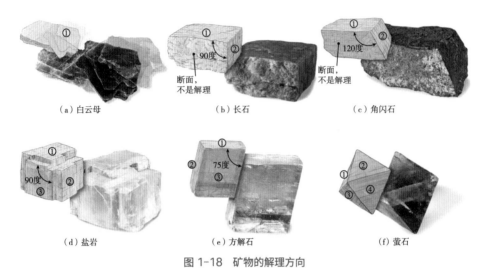

（a）白云母　　　　　（b）长石　　　　　（c）角闪石

（d）盐岩　　　　　（e）方解石　　　　　（f）萤石

图 1-18　矿物的解理方向

图（a），一组解理。图（b），以 90 度角相交的两组解理。图（c），不垂直的两组解理。图（d），以 90 度相交的三组解理。图（e），不垂直的三组解理。图（f），4 组解理。

资料来源：Dennis Tasa。

断口。 在各个方向上化学键强度相等或基本相等的矿物表现出的一种性质，被称为断口（见图 1-19a）。矿物破裂后，大多数会产生不均匀的表面，即不规则断口。然而某些矿物，比如石英，破裂后会形成光滑、弯曲的表面，类似于破碎的玻璃。这种断裂被称为贝壳状断口（见图 1-19b）。还有其他

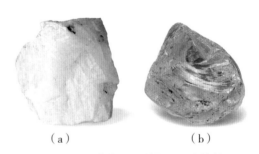

（a）　　　　　　（b）

图 1-19　石英的不规则断口与贝壳状断口

图（a），不规则断口。图（b），贝壳状断口。

资料来源：图（a），Dennis Tasa。

一些矿物破裂时会产生碎片或纤维，分别被称为参差状断口和纤维状断口。

韧性。 韧性一词是指一种矿物响应应力的方式，比如矿物是倾向于脆性破裂还是弹性弯曲。如上文所述，石英等非金属矿物和萤石、盐岩等通过离子键键合的矿物，在受到冲击时往往呈脆性，会出现断口或解理。相比之下，铜和金等天然金属具有延展性，也就是说它们可以被锻造成不同的形状而不发生断裂。此外，

石膏和滑石等矿物可以被削成薄片，我们称其为可切割的。还有一些矿物，尤其是云母，具有弹性，受到应力时会发生弯曲并在应力释放后恢复原来的形状。

密度

矿物学家用密度来描述矿物单位体积的质量。

大多数常见矿物的密度在 2 ～ 10 克 / 立方厘米。例如石英的密度约为 2.65 克 / 立方厘米。相比之下，黄铁矿、天然铜和磁铁矿等金属矿物的密度是石英的 2 倍以上。方铅矿，一种用于冶炼铅的矿石，其密度约为 7.5 克 / 立方厘米，而 24 克拉黄金的密度约为 20 克 / 立方厘米。

只要稍加练习，你就可以通过用手掂量来估计矿物的密度。这种矿物和你之前掂量过的大小相同的岩石一样重吗？如果答案为"是"，那么该矿物的密度就可能为 2 ～ 3 克 / 立方厘米。

你知道吗?

矿物黄铁矿通常被称为"愚人金"（fool's gold），因为它呈现的金黄色看起来很像黄金。黄铁矿一词起源于希腊语 pyros（火），因为它在受到猛烈撞击时会冒火花。

你知道吗?

世界上最重的切割和抛光宝石之一是一颗 22 892.5 克拉的金黄色黄玉。这颗宝石目前收藏在史密森学会，重约 4.5 千克，大约有汽车前灯大小，几乎不能用作珠宝，除非给大象使用。

Q5 地壳中最常见的元素是什么?

构成绝大多数造岩矿物的元素只有 8 种，它们占陆壳质量的 98% 以上，如图 1-20 所示。这些元素按照丰度从多到少依次为氧（O）、硅（Si）、铝（Al）、铁（Fe）、钙（Ca）、钠（Na）、钾（K）和镁

（Mg）。如图 1-20 所示，氧和硅目前是地壳中最常见的元素。而且这两种元素很容易结合形成最常见的矿物族——硅酸盐的基本结构单元。已知的硅酸盐矿物有 800 多种，占地壳质量的 90% 以上。

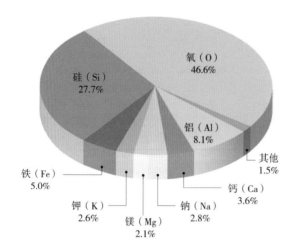

图 1-20　地球陆壳中丰度最高的 8 种元素

这些数字代表质量的百分比。

人类至今已命名了 4 000 多种矿物，每年还会发现很多新矿物。幸好，对刚开始研究矿物的学生来说，了解其中十几种就足够了。事实上，正是这十几种矿物构成了大部分地壳岩石，因此，它们通常被称为造岩矿物。

其他矿物虽然丰度较小，却广泛用于工业制造，因此被称作经济矿物。然而，造岩矿物和经济矿物之间并不是彼此独立的。大型矿床中的某些造岩矿物同时具有经济价值。比如矿物方解石，它是沉积岩灰岩的主要成分。方解石有很多用途，比如用来制造水泥。

由于地壳中其他的矿物类别远不如硅酸盐的丰度高，因此通常被归入非硅酸盐矿物类别。虽然不如硅酸盐常见，但有些非硅酸盐矿物具有很重要的经济价值。非硅酸盐矿物为人类提供了用于制造汽车的铁和铝、建筑的原材料石膏，以及输电和连接互联网所需要的铜线。除了具有经济价值外，部分非硅酸盐矿物还是沉积物和沉积岩的主要成分。

硅酸盐矿物

每种硅酸盐矿物都含有氧原子和硅原子。除了石英等少数硅酸盐矿物外,大多数硅酸盐矿物的晶体中还含有一种或多种其他元素。这些元素的加入使硅酸盐矿物的种类和性质都变得多样化。

所有硅酸盐都含有相同的基本结构单元——硅氧四面体(SiO_4^{4-})。这个结构由4个氧离子通过共价键与1个相对较小的硅离子键合而成,构成一个四面体——有4个相同面的金字塔状结构(见图1-21)。

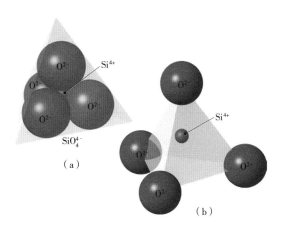

图 1-21 硅氧四面体的两种表达

图(a),硅氧四面体。图(b),硅氧四面体展开图

在一些矿物中,四面体之间可以通过共享氧原子连接成链状、片状或三维网格结构(见图1-22)。然后这些更大的硅酸盐结构之间又通过其他元素相互连接。加入硅酸盐结构的元素主要有铁(Fe)、镁(Mg)、钾(K)、钠(Na)和钙(Ca)。

图1-22展示了硅酸盐矿物的主要矿物族和常见例子。长石是迄今为止含量最丰富的一个族,大约占地壳质量的51%。石英是陆壳中含量第二丰富的矿物,是唯一一种完全由硅元素和氧元素组成的常见矿物。

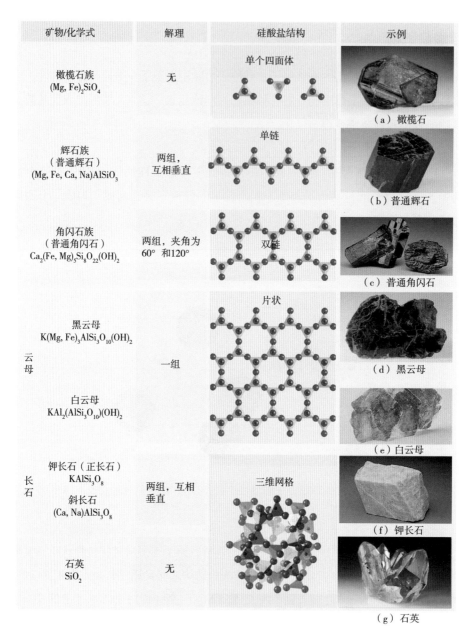

矿物/化学式	解理	硅酸盐结构	示例
橄榄石族 $(Mg, Fe)_2SiO_4$	无	单个四面体	（a）橄榄石
辉石族 （普通辉石） $(Mg, Fe, Ca, Na)AlSiO_3$	两组，互相垂直	单链	（b）普通辉石
角闪石族 （普通角闪石） $Ca_2(Fe, Mg)_5Si_8O_{22}(OH)_2$	两组，夹角为60°和120°	双链	（c）普通角闪石
云母 黑云母 $K(Mg, Fe)_3AlSi_3O_{10}(OH)_2$	一组	片状	（d）黑云母
白云母 $KAl_2(AlSi_3O_{10})(OH)_2$			（e）白云母
长石 钾长石（正长石） $KAlSi_3O_8$ 斜长石 $(Ca, Na)AlSi_3O_8$	两组，互相垂直	三维网格	（f）钾长石
石英 SiO_2	无		（g）石英

图 1-22 常见的硅酸盐矿物和矿物族

请注意，表中硅酸盐结构的复杂性从上到下逐渐增加。

资料来源：图（a）、图（b）、图（c）、图（e），Dennis Tasa。

注意，在图 1-22 中，每个矿物族都有其特定的硅酸盐结构。矿物的内部结构与它呈现的解理息息相关。由于硅氧键是一种很强的化学键，硅酸盐矿物往往会在硅氧结构之间发生断裂，而不是硅氧键断裂。例如，云母具有片状结构，因此断裂后容易形成薄片（见图 1-17 中的云母）。石英在各个方向上的硅氧键强度都很大，因而没有解理，而是会出现断口。

硅酸盐矿物是如何形成的？大多数硅酸盐矿物是熔融岩石冷却后结晶形成的。冷却可能发生在地表附近（温度和压力较低），也可能发生在地下极深处（温度和压力较高）。结晶过程形成的矿物种类主要取决于环境和熔融岩石的化学成分。例如，硅酸盐矿物橄榄石在高温下结晶（约 1 200℃），而石英的结晶温度则低得多（约 700℃）。

此外，有一些硅酸盐矿物是由地表上其他硅酸盐矿物风化（解体）形成的。黏土矿物就是其中一例。还有一些硅酸盐矿物是在造山运动期间的超高压力下形成的。因此，每一种硅酸盐矿物都具有能指示其形成环境的结构和化学成分。所以，地质学家往往可以通过细致地研究岩石的矿物组成，确定它们形成的环境。

我们现在将研究一些最常见的硅酸盐矿物，根据化学成分，可以将这些矿物分为两大类。

常见的浅色硅酸盐矿物

浅色硅酸盐矿物的颜色通常较浅，并且密度明显比暗色硅酸盐的密度小。产生这种差异的主要原因是"重"元素铁和镁是否出现。浅色硅酸盐矿物含有总量不等的铝、钾、钙和钠等元素，而不含铁和镁。

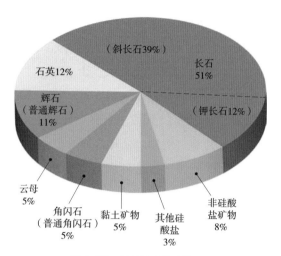

长石族。长石族是到目前为止地壳中丰度最大的矿物族，大约占地壳的 51%（见图 1-23）。长石如此高的丰度有一部分原因是它们能在多样的温度和压力条件下形成。

长石有两种不同的结构（见图 1-24）。晶体结构中含有钾离子的长石族被称为钾长石（见图 1-24a 和图 1-24b）。另

图 1-23　地球地壳的矿物组成

长石矿物占地球地壳质量的 51% 左右，所有的硅酸盐矿物加起来占地球地壳质量的 92% 左右。

外一个长石族是斜长石，其中含有可以彼此自由替代的钙离子和钠离子，具体视结晶环境而定（见图 1-24c 和图 1-24d）。

（a）正长石　　　（b）正长石的解理　　　（c）钠长石　　　（d）拉长石

图 1-24　一些常见的长石矿物

图（a），钾长石的特征晶型。图（b），大多数浅橙色长石属于钾长石亚族。图（c），富钠斜长石通常呈浅色，有珍珠光泽。图（d），富钙斜长石往往呈灰色、蓝灰色或黑色。此处展示的标本为拉长石，它的一个晶面上有条纹。

资料来源：图（a）和图（c），Dennis Tasa。

虽然成分和结构存在差异，但所有长石矿物都具有相似的物理性质。它们都

有两组相互垂直或近垂直的解理,相对坚硬(莫氏硬度为6),具有玻璃至珍珠光泽。长石是火成岩的成分之一,通过矩形的形状和相当光滑、有光泽的表面就能识别长石晶体。钾长石通常呈淡奶油色、鲑鱼粉色,偶尔呈蓝绿色。而斜长石的颜色范围则从灰色到蓝灰色,有时是黑色。但是,不应使用颜色来区分这两个矿物族,通过肉眼观察来区分长石的唯一方法是看其表面是否存在大量细平行线,即条纹。斜长石的一些解理面上存在着条纹,而钾长石上则不存在(见图1-24B和图1-24D)。

石英。 石英(SiO$_2$)是陆壳中第二丰富的矿物,也是唯一一种完全由硅元素和氧元素组成的常见硅酸盐矿物。在石英中,通过相邻的硅原子之间完全共享一个氧原子的方式而形成一种三维结构(见图1-22)。石英中的所有键都是强硅-氧型。因此,石英很坚硬,耐风化,没有解理。

破碎时,石英一般呈贝壳状断口。纯净的石英是透明的,如果它在不受干扰的情况下生长,将发育成六方晶体,末端呈金字塔形。然而,像大多数其他透明矿物一样,石英经常因含有各种离子(杂质)而呈现不同颜色,而且往往不能发育出良好的晶面。最常见的石英品种有乳白色(白色)、烟灰色(灰色)、玫瑰色(粉色)、紫晶(紫色)、黄水晶(黄色至棕色)和水晶(透明),如图1-25所示。

（a）　　　　　　　（b）　　　　　　　（c）　　　　　　　（d）

图 1-25　石英是地壳中丰度第二高的矿物,品种繁多

图(a),烟石英常见于粗粒火成岩中。图(b),蔷薇石英的颜色源于矿物中少量的钛。图(c),乳石英常出现在可能含黄金的脉体中。图(d),紫水晶是一种常用来制作珠宝的紫色石英,是二月的生辰石。

资料来源:Dennis Tasa。

白云母。白云母是云母族矿物的常见成员。它呈浅色，具有珍珠光泽（见图 1-17）。和其他云母一样，白云母在某个方向上会发育出一组很好的解理。白云母的薄层是透明的，这一特性也是它在中世纪被用作窗户"玻璃"的原因。白云母非常闪亮，所以一般可以通过岩石中的闪光来识别它。如果你曾经仔细观察过沙滩上的沙，也许就看到过分散在砂粒之间的云母片闪烁的光芒。

> **你知道吗？**
>
> 现在出售的大多数"可用勺铲的"猫砂都含有一种叫作膨润土的天然材料。膨润土，主要由高吸水性的黏土矿物组成，在潮湿的情况下膨胀和结块，可将小猫的排泄物包裹起来，方便铲起，留下干净的猫砂。

黏土矿物。黏土是一个用来描述一类复杂矿物的术语，比如具有片状结构的云母。与其他常见的硅酸盐不同，大多数黏土矿物是其他硅酸盐矿物化学分解（化学风化）的产物。因此，黏土矿物在地表物质，也就是我们所说的土壤中占很大比例（后文将详细讨论风化）。由于土壤在农业中具有非常重要的作用，并且黏土矿物也可用作建筑材料，因此它对人类来说意义重大。此外，黏土约占沉积岩体积的一半。黏土矿物的粒度通常极细，如果不用显微镜观察的话很难识别。黏土在页岩、泥岩和一些其他沉积岩中最为常见。

高岭石是最常见的黏土矿物之一（见图 1-26），被用于制造瓷器和作为高光泽度纸张的涂层，就像本书的纸张一样。

此外，一些黏土矿物能吸收大量的水，使其膨胀到正常大小的几倍。这些黏土在商业上有各种巧妙的用途，比如在快餐店里用作奶昔增稠的添加剂。

图 1-26　高岭石

高岭石是一种常见的黏土矿物，由长石矿物风化形成。

常见的暗色硅酸盐矿物

暗色硅酸盐矿物的晶体结构中含有铁或镁。由于含有铁元素，这类硅酸盐矿物的颜色较深，并且比浅色硅酸盐的密度大得多。

橄榄石族。橄榄石，高温硅酸盐矿物的一员，颜色为黑色至橄榄绿，具有玻璃光泽和贝壳状断口（见图 1-22a）。橄榄石通常形成小而圆而不是大的晶体，使富含橄榄石的岩石具有粒状外观（见图 1-27）。橄榄石和相关矿物通常出现在玄武岩中，这是一种在洋壳和大陆火山地区常见的火成岩。据推测，橄榄石在地球地幔中所占比例高达 50%。

富橄榄石的橄榄岩
（各种纯橄榄岩）

图 1-27 橄榄石

橄榄石通常呈黑色至橄榄绿，具有玻璃光泽和颗粒状外观，常出现在玄武岩中。

资料来源：Dennis Tasa。

辉石族。辉石族包含多种不同的矿物，是深色火成岩的重要组成部分。最常见的成员是普通辉石，它是一种不透明的黑色矿物，具有以近 90 度相交的两组解理。普通辉石是玄武岩的主要组成矿物之一（见图 1-28a）。

角闪石族。普通角闪石是化学成分复杂的矿物族角闪石族中最常见的成员之一（见图 1-28b）。普通角闪石的颜色通常为深绿色至黑色，除了解理角度约为 60 度和 120 度以外，在外观上与普通辉石非常相似。普通角闪石在岩石中常形成细长的晶体，而辉石则形成块状晶体，这一特征有助于将二者区分开来。普通角闪石存在于火成岩中，通常构成浅色岩石的深色部分（见图 1-3）。

黑云母。黑云母是云母族矿物中呈深色、富含铁的一员（见图 1-22d）。与其他云母一样，黑云母具有片状结构，因此发育了一组完善的解理。黑云母外表有光泽，这有助于将它与其他深色铁镁矿物区分开来。与普通角闪石一样，黑云母也是大部分浅色火成岩的常见成分，比如花岗岩。

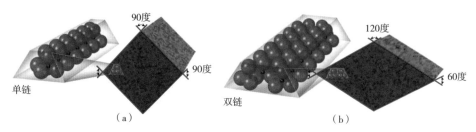

图 1-28　普通辉石和普通角闪石的解理对比

由于普通角闪石（图 b）硅酸盐结构中的化学键强度比普通辉石（图 a）的化学键强度弱，因此普通角闪石的解理更完善。

石榴石。石榴石与橄榄石相似，结构由单个四面体组成，四面体之间由金属离子连接。另外，它也像橄榄石一样具有玻璃光泽，缺乏解理，具有贝壳状断口。虽然石榴石的颜色多种多样，但棕色到深红色最常见。发育良好的石榴石具有 12 个菱形面，最常见于变质岩中（见图 1-29）。

图 1-29　结构良好的石榴石晶体

石榴石有多种颜色，常出现在富含云母的变质岩中。

重要的非硅酸盐矿物

虽然非硅酸盐只占地壳的 8% 左右，但一些矿物，比如石膏、方解石和盐岩，在沉积岩中含量丰富。很多非硅酸盐矿物还具有很高的经济价值。

　　非硅酸盐矿物通常可根据共有的带负电荷的离子或络离子进行分类。比如，氧化物含有带负电荷的氧离子（O^{2-}），它可与一种或多种阳离子结合。因此，在每个矿物族中，基本结构和化学键类型都是相似的。这使得每个族的矿物都有相似的物理性质，可作为识别该族矿物的依据。图1-30列出了几个主要的非硅酸盐矿物族并给出了相应的例子。

矿物族 （关键离子或元素）	矿物名称	化学式	经济用途	实例
碳酸盐 （CO_3^{2-}）	方解石 白云石	$CaCO_3$ $CaMg(CO_3)_2$	制作硅酸盐 水泥、石灰	 （a）方解石 　（b）白云石
卤化物 （Cl^-, F^-, Br^-）	盐岩 萤石 钾盐	$NaCl$ CaF_2 KCl	制作食盐； 炼钢； 制作肥料	 （d）盐岩 　（d）萤石
氧化物 （O^{2-}）	赤铁矿 磁铁矿 刚玉 冰	Fe_2O_3 Fe_3O_4 Al_2O_3 H_2O	铁矿石； 颜料矿石； 宝石、磨料； 固态水	 （e）赤铁矿 　（f）磁铁矿
硫化物 （S^{2-}）	方铅矿 闪锌矿 黄铁矿 黄铜矿 辰砂	PbS ZnS FeS_2 $CuFeS_2$ HgS	铅矿石； 锌矿石； 生产硫酸； 铜矿石； 汞矿石	 （g）方铅矿 　（h）黄铜矿
硫酸盐 （SO_4^{2-}）	石膏 无水石膏 重晶石	$CaSO_4 \cdot 2H_2O$ $CaSO_4$ $BaSO_4$	石膏； 石膏； 钻井泥浆	 （i）石膏 　（j）无水石膏
天然元素 （单质）	金 铜 金刚石 石墨 硫 银	Au Cu C C S Ag	制作珠宝； 电导体材料； 宝石、磨料； 制作铅笔芯 磺胺类药物、 化学品； 珠宝制作、摄影	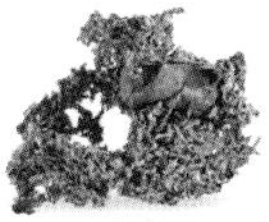 （k）铜 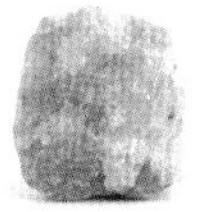　（l）硫磺

图1-30　重要的非硅酸盐矿物族

资料来源：图（a）至图（d），图（g）至图（l），Dennis Tasa。

　　一些最常见的非硅酸盐矿物属于以下三类矿物的一种：碳酸盐（CO_3^{2-}）、硫酸盐（SO_4^{2-}）和卤化物（Cl^-、F^-、Br^-）。碳酸盐矿物在结构上比硅酸盐简单得多，由碳酸根离子（CO_3^{2-}）和一种或多种阳离子构成。最常见的两种碳酸盐矿物是方解石——$CaCO_3$（碳酸钙）和白云石——$CaMg(CO_3)_2$（碳酸镁钙），如图 1-30a 和图 1-30b 所示。方解石和白云石通常同时出现在沉积岩灰岩和白云岩中，是这两种沉积岩的主要成分。当方解石的含量更高时，岩石被称为灰岩；当白云石的含量更高时，岩石则被称为白云岩。灰岩有很多用途，可以用作道路集料、建筑石材，也是波特兰水泥[①] 的主要成分。

　　另外两种常出现在沉积岩中的非硅酸盐矿物是盐岩和石膏（见图 1-30c 和图 1-30i）。这两种矿物通常出现在水分早已蒸发的古代海洋遗迹残留的厚沉积层中，图 1-31 是德国黑林根附近的一个盐岩矿坑。和灰岩一样，盐岩和石膏都是重要的非金属资源。盐岩是普通食盐（$NaCl$）的矿物名称。石膏（$CaSO_4 \cdot 2H_2O$）由硫酸钙与水结合形成，可用于制作石膏和其他类似的建筑材料。

图 1-31　德国黑林根附近的一个盐岩矿坑

这个盐矿位于地下近一英里处。注意矿工的相对大小。

资料来源：Fredrik von Erichsen。

---

① 波特兰水泥是对以硅酸盐为主要成分的水泥的总称，是国际通用叫法。——编者注

　　大多数非硅酸盐矿物的大类中都含有因经济价值高而备受重视的矿物。比如氧化物中的赤铁矿和磁铁矿是重要的铁矿石（见图 1-30e 和图 1-30f）。硫化物也很重要，它由硫（S）和一种或多种金属组成。重要硫化物矿物包括方铅矿（铅）、闪锌矿（锌）和黄铜矿（铜）。此外，天然存在的金、银和碳（钻石）等，还有许多其他的非硅酸盐矿物，比如萤石（炼钢助熔剂）、刚玉（宝石、研磨剂）和铀矿（铀资源）等，都有很高的经济价值。

要点回顾

Foundations of Earth Science >>>

- 地质学家使用矿物一词指代天然形成的无机固体，它们具有有序的晶体结构和特有的化学成分；矿物是岩石的基本组成。岩石是由大量矿物或矿物类似物（如天然玻璃或有机物质）聚集在一起天然形成的。

- 矿物是由一种或多种元素的原子组成的。所有原子都由三种基本粒子构成：质子、中子和电子。

- 矿物的形成方式多种多样。它们可能一开始悬浮在水溶液中，随着水溶液的蒸发形成化学键，沉淀出矿物。也有可能随着熔岩的冷却，原子之间形成化学键，从而得到结晶矿物。还有一些海洋生物从周围的海水中提取离子并分泌构成壳体的物质，这种物质通常由碳酸钙或二氧化硅组成。

- 鉴别特征是用于鉴别矿物的一些特性。某些特性由于很少见，所以在鉴别某些特定的矿物时很有用，比如特殊的气味、味道、触感、与盐酸的反应、磁性和双折射等。

- 硅酸盐矿物是地球上最常见的矿物类别。它们可细分为含有铁、镁（暗色硅酸盐矿物）和不含铁、镁（浅色硅酸盐矿物）的矿物。非硅酸盐矿物通常有重要的经济价值。赤铁矿石是工业用铁的重要来源，方解石是水泥的基本成分。

Foundations
of Earth Science

02

岩石如何成为地球的固体原料？

妙趣横生的地球科学课堂

- 岩石是如何相互转化的?

- 岩浆如何产生五花八门的石头?

- 人行道为什么会出现裂缝?

- 岩石是如何"自己给自己搬家的"?

- 岩石"变老了"还是同一块岩石吗?

　　冰岛横跨大西洋中脊，火山频发，因此很容易获得地热能，人们以热水或蒸汽的形式获取地球的地热能，用来发电。与化石燃料发电不同，地热能是可再生能源，而且污染小。

　　冰岛典型的地热井现在大约有 2.5 千米深，可以为大约 4 000 个家庭提供充足的电力。一项由政府资助的新研究正在调查如果钻探深度增至原来的 2 倍，是否能开采到温度比原来高 450℃的热水储层。这种过热蒸汽的发电量可能是目前典型钻孔发电量的 10 倍。如果人们最终在冰岛取得成功，那么这种形式的地热发电就可能在世界更广泛地区实施，包括南太平洋、东非和美国西部。

　　冰岛丰富的地热能源于地壳表面下的熔岩岩浆。火成岩由岩浆冷却结晶生成。通过研究火成岩，我们可以了解火山是如何喷发的。同火成岩一样，研究各类岩石能帮助我们了解火山爆发、造山运动、风化作用、剥蚀以及地震等大多数地质现象。

　　每一块岩石的形成都蕴藏着其环境的线索。比如，有的岩石完全由海洋生物的小壳体碎片组成，这就告诉我们，它们很可能形成于浅海环境。还有的岩石自身的一些特征能暗示人们它形成于一次火山喷发，或有其原本存在于造山运动期间的地壳深处。

那么，火成岩、沉积岩和变质岩到底是怎样形成的？它们之间又存在着怎样的关系？本章内容将帮助你了解地球内部各类岩石中蕴含的丰富的信息，以及它们与地球漫长的地质过程之间的联系。

Q1　岩石是如何相互转化的？

有人说，石头都是顽固不化的。然而，科学研究发现，岩石也有一个循环的系统，岩石循环系统让我们看到地球内部各种成分是如何相互作用的，它能帮助我们理解火成岩、沉积岩和变质岩的起源，以及它们之间的相互联系。此外，岩石循环显示了任何类型的岩石在合适的条件下都可以转化成其他类型的岩石。现在，让我们一起来了解整个循环过程是如何运作的。

基本循环

我们对岩石循环的讨论要先从熔融的岩石——岩浆开始，岩浆主要形成于上地幔和地壳中（见图 2-1）。由于岩浆的密度比周围的岩石都要低，因此一旦形成，岩浆就会向地表上升。如果岩浆可以到达地表并喷发，我们就称之为熔岩。最终，熔融的岩石会发生冷却和凝固，这一过程叫作结晶或凝固。熔融的岩石要么在地下凝固，要么随着火山喷发在地表凝固。无论在哪种情况下形成的岩石都叫火成岩。

如果火成岩暴露在地表，它们就将经历风化作用，在大气日复一日的影响下逐渐碎裂、分解。由此形成的松散物质通常在重力作用下向低处移动，然后一种或多种侵蚀介质，比如流水、冰川、风或波浪，会将它们携带并搬运。这些岩石颗粒和溶质最终会沉淀下来，成为沉积物。尽管大多数沉积物的最终归宿是海洋，但也可能会在其他一些区域沉积下来，比如河流冲积平原、沙漠盆地、湖泊、内陆海和沙丘。

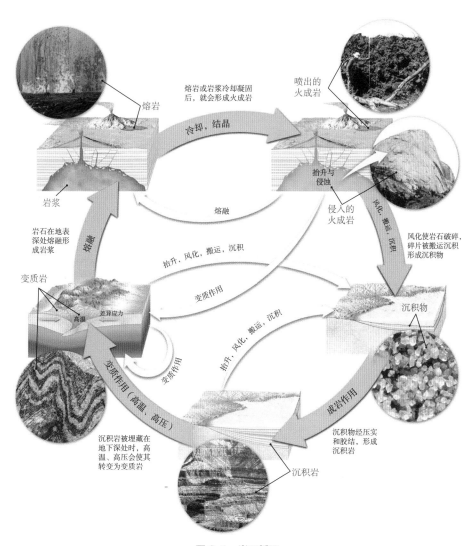

图 2-1 岩石循环

从很长的时间来看，岩石在不断地形成、转变和重塑。岩石循环能帮助我们理解三类岩石的起源。箭头代表将每种类型联系起来的作用过程。

资料来源：熔岩和喷出的火成岩图片，USGS。

接下来，沉积物将经历成岩作用，也就是"转化为岩石"的意思。沉积物通常会被上覆物质的重量压实，或者被渗透的地下水中的矿物质填充孔隙而发生胶结，最后转化为沉积岩。

如果由此形成的沉积岩被深埋，或者参与造山运动，它将承受到巨大的压力和极高的温度。在这种情况下，沉积岩可能转变成第三种岩石类型：变质岩。如果变质岩在形成后仍然处于高温之中，它就可能熔化形成岩浆，从而开始一次循环。

尽管岩石可能看起来是稳定不变的物质，但岩石循环过程告诉我们，事实并非如此。不过，岩石的变化需要时间，有时甚至需要几百万年甚至数十亿年。此外，地球上不同位置的岩石在循环中所处的阶段也不同。现今，新的岩浆正在夏威夷岛地底生成，与此同时，组成科罗拉多州落基山脉的岩石正在经历着缓慢的风化和侵蚀。一些风化形成的碎片最终会被带到墨西哥湾，沉淀到已经积聚在那里的大量沉积物上。

其他路径

岩石并不一定会按照上文所述的顺序经历循环。比如，火成岩可能并不会暴露在地表而经历风化和侵蚀，而是一直深埋地下（见图 2-1）。最终，这些火成岩可能会经历造山运动中的强压应力和高温，直接转化为变质岩。

抬升和侵蚀甚至可能把深埋地下的任何类型的岩石带到地表。当这种情况发生时，风化作用会将它们变成沉积岩的新原料。而在地下深处形成的火成岩或变质岩可能会留在原地，在那样的条件下，与造山运动有关的高温和压应力可能会使它们变质甚至熔化。随着时间流逝，岩石可能会转化成任何其他类型的岩石，或是变为原类型的另一种形式。岩石在岩石循环中的转化路径是多种多样的。

岩石循环的驱动力是什么？地球内部的热能驱动着火成岩和变质岩的形成。风化和风化产物的搬运则是外部过程，由太阳的能量驱动。正是外部过程产生沉积岩。

Q2　岩浆如何产生五花八门的石头？

　　在岩石循环的讨论中，我们指出火成岩是由岩浆或熔岩冷却结晶而成。但你知道吗？岩浆具有分异作用，也就是说由一个岩浆房所孕育出的一座火山在喷发时，岩浆会形成成分迥异的岩石。这是为什么呢？

　　研究发现，不同矿物会按照一种可预测的模式从岩浆中结晶析出。每种矿物结晶时都会选择性地从熔体中"拿走"某些元素。比如，橄榄石和辉石结晶时会"拿走"铁和镁，使剩余熔体变成长英质。这种机制叫作晶体沉降。先形成的晶体由于密度比残余液体大，会沉降到岩浆房底部（见图 2-2）。因此，岩浆房上部和下部形成了成分不同的岩石。从一种母岩浆中生成一种或多种次生岩浆的过程叫作岩浆分异（magmatic differentiation）。

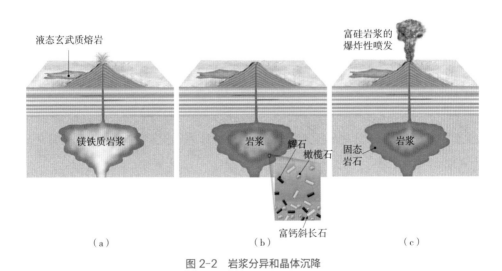

图 2-2　岩浆分异和晶体沉降

该图展示了岩浆的演化过程，随着最早的矿物（富铁、镁和钙）结晶并向岩浆房底部沉降，剩余的熔体变得更加富含钠、钾和硅。

图（a），镁铁质岩浆喷发出液态玄武质熔岩。图（b），岩浆体冷却，导致最早形成的矿物晶体发生沉降，或沿着岩浆体的冷却边缘结晶。图（c），与初始岩浆相比，剩余的熔体将更富含硅，如果随后发生喷发，形成的岩石也将更富含硅，并且成分更接近长英质。

在岩浆演化的任一阶段，固体和液体组分都能划分成化学成分截然不同的两个单元。此外，次生岩浆经过岩浆分异，又可以产生化学成分不同的熔体。因此，不同结晶阶段的岩浆分异和固体、液体成分的分离都可以产生多种化学性质不同的岩浆，并最终形成各种各样的火成岩。

接下来，我们再回到岩浆的形成阶段，一起深入地了解火成岩的结构组成和成分特点。

如果岩浆到达了地表，我们就称之为熔岩（见图 2-3）。有时，在逸出气体的驱使下，熔岩会像喷泉一样喷向天空。在其他情况下，岩浆会从火山口喷出，形成壮观的喷发景象，比如 1980 年圣海伦斯火山的喷发。然而，大多数的火山喷发并不剧烈；相反，熔岩通常会较为平静地从火山口涌出。

熔岩可以在地壳深处或地表凝固。当熔岩在地表凝固时形成的火成岩，被归类为喷出岩（extrusive rocks），或火山岩（volcanic rocks）①。美洲西部有很多喷出岩，包括喀斯喀特山脉的火山锥和哥伦比亚高原的大规模熔岩流。此外，包括夏威夷群岛在内的许多海岛，几乎完全由火山岩组成。

图 2-3　意大利的斯特龙博利火山的熔岩

该火山从 1932 年以来几乎一直在喷发，是地球上最活跃的火山之一。

资料来源：Zoonar GmbH/Alamy Stock Photo。

> **你知道吗？**
>
> 在公元 79 年维苏威火山的灾难性喷发中，意大利那不勒斯附近的庞贝城被数米厚的浮石和火山灰彻底掩埋。几个世纪过后，维苏威火山周围才出现了新的城镇。直到 1595 年，在一项建筑工程中，人们才发现庞贝古城的遗迹。现在，每年都有成千上万的游客来到这里，参观庞贝古城中的商店、酒馆、别墅等遗迹。

---

① volcanic rocks 源自 Vulcan，后者指罗马神话中的火神伏尔甘。

大多数岩浆在到达地表前就会失去流动性，最终在地下深处凝固。在地下凝固形成的火成岩被称为侵入岩（intrusive rocks），也叫深成岩（plutonic rocks）[1]。除非地壳发生抬升并且上覆岩石被侵蚀掉，否则深成岩会一直保留在地壳深处。露出地表的深成岩出现在很多地方，比如新罕布什尔州的华盛顿山、佐治亚石山、加利福尼亚州的约塞米蒂国家公园，以及南达科他州布莱克山上的拉什莫尔山（见图 2-4）。

图 2-4　拉什莫尔山上的国家纪念像

这组纪念群像雕刻在花岗岩——一种火成岩上。这块巨大的火成岩体在地下缓慢冷却，后来发生抬升，上覆岩石也因侵蚀而剥落。

从岩浆到结晶岩

岩浆是熔融的岩石（或者叫熔体），由硅酸盐矿物所含元素的离子组成，这些离子主要是可自由移动的硅和氧。岩浆中也含有气体，尤其是水蒸气，它们由于上覆岩石的重量（压力）而被封闭在岩浆体中。此外，岩浆中还可能存在一些固体物质（矿物晶体）。随着岩浆的冷却，原先自由移动的离子开始有序地排列起来，这一过程被称为结晶。随着岩浆不断冷却，大量小晶体进而形成，离子按部就班地进入晶体生长中心。当晶体大到边缘相互接触时，它们就会因为空间限制而停止生长。最终，所有液态熔体均转变为由紧密相连的晶体所组成的固体物质。

冷却速度强烈影响着晶体的大小。如果岩浆冷却得很慢，离子就可以作远距离迁移。因此，在缓慢冷却条件下形成的晶体，数量虽少但尺寸较大。相反，如

---

[1] plutonic rocks 源自 Pluto，后者指罗马神话中的冥王普鲁托。

果冷却速度很快，离子来不及移动就快速结合，这将导致大量微小的晶体去争夺可吸引的离子。因而，快速冷却的结果是形成由共生的小晶体所组成的固体物质。

如果熔融物质经历了淬火，或者说几乎立刻冷却，那么离子就没有足够的时间排列形成晶格结构。以这种形式产生的固体由随机分布的离子组成。这种岩石被称为玻璃，与普通的人造玻璃很相似。剧烈的火山喷发期间通常会发生"瞬间"淬火，由此产生的微小玻璃碎屑被称为火山灰。

除了冷却速度以外，岩浆的成分和溶解的气体量也会影响结晶过程。由于岩浆在这些方面千差万别，因此最终形成的火成岩其物理性质和矿物成分也大不相同。

火成岩的成分

火成岩主要由硅酸盐矿物构成。目前的化学分析表明，硅和氧是火成岩含量最高的成分，而这两种元素通常会用二氧化硅来表示。这两种元素加上铝、钙、钠、钾、镁和铁离子，其重量占大部分岩浆重量的 98% 左右。此外，岩浆还含有少量其他元素，包括钛和锰，以及微量更稀有的元素，比如金、银和铀。

随着岩浆的冷却和凝固，这些元素会结合形成两种主要的硅酸盐矿物。暗色硅酸盐富含铁和镁，而二氧化硅含量相对较少。橄榄石、辉石、闪石和黑云母都是地壳中常见的暗色硅酸盐矿物。相比之下，浅色硅酸盐矿物含有更多的钾、钠、钙，硅的含量也更高。浅色硅酸盐矿物包括石英、白云母，以及丰度最高的矿物族——长石。在绝大多数火成岩的成分中，长石至少占 40%。当

> **你知道吗？**
>
> 　石英表实际上是用内含的一块石英晶体来计时的。在石英表出现之前，钟表使用的是某种摆锤或音叉。齿轮和轮子将这种机械运动转化为指针的运动。事实证明，如果在石英晶体上施加电压，它会做一种高度一致的振荡，这比音叉的计时性能好了几百倍。由于这种特性和现代集成电路技术，现在石英表非常便宜，因此当石英表坏了，人们通常选择更换而不是修理。采用机械机芯的现代手表反而变得非常昂贵了。

然，除了长石，火成岩中还含有前面提到的其他浅色或暗色硅酸盐矿物。

花岗质（长英质）与玄武质（镁铁质）成分。 虽然不同火成岩（以及形成火成岩的岩浆）的成分差异很大，但还是可以依据其中浅色矿物和暗色矿物的比例把它们分为几个大类（见图 2-5）。如果岩石按矿物成分的含量变化进行分区，则位于连续体其中一端的岩石几乎完全由浅色硅酸盐矿物——石英和钾长石构成。以这些矿物为主要成分的火成岩具有花岗质成分。此外，地质学家称花岗岩是长英质的，长英即长石加石英。除了长石和石英外，大多数花岗质岩石还含有约 10% 的暗色硅酸盐矿物，通常是黑云母和角闪石。花岗质岩石包括花岗岩和流纹岩，它们是陆壳的主要成分。

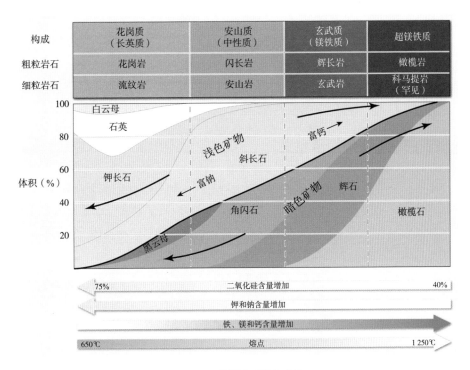

图 2-5　常见火成岩的成分

资料来源：Barbara A. Harvey/Shutterstock。

　　暗色硅酸盐矿物和富钙斜长石（不包括石英）在火成岩中占比至少为 45%
的，被称为具有玄武质成分，如图 2-5 所示。因为玄武质岩石的暗色硅酸盐矿物
比例相对较高，地质学家称其为镁铁质。由于铁元素含量较高，因此镁铁质岩石
通常比花岗质岩石颜色更深、密度更大。玄武质岩石包括玄武岩和辉长岩，它们
构成了洋盆以及洋盆中的很多座火山岛。

　　其他成分组别。如图 2-5 所示，成分介于花岗质和玄武质之间的岩石被称为
具有安山质成分，或者叫中性质成分。该名称源于一种常见的火山岩：安山岩。
中性质岩石至少含有 25% 的暗色硅酸盐矿物，主要是角闪石、辉石和黑云母，
以及另一种重要成分：斜长石。这种重要的火成岩与火山活动有关，通常局限在
临海的大陆边缘和火山岛弧处，比如阿留申群岛。

　　位于成分谱带最末端的是超镁铁质火成岩，几乎完全由高密度的镁铁矿物构
成（见图 2-5）。虽然超镁铁质岩石在地表很罕见，但主要由橄榄石和辉石组成
的橄榄岩是上地幔的主要成分。

火成岩的结构有何指示意义

　　地质学家通常使用结构（texture）一词来描述构成岩石的矿物颗粒的粒度、
形状和排布。结构是一种重要属性（见图 2-6），地质学家通过细致地观察晶体
大小和其他一些特征，就能推测岩石的起源。快速冷却形成小晶体，而缓慢冷却
形成大晶体。不难想象，在地壳深处的岩浆房内，熔岩冷却速度慢，而喷出地表
的薄层熔岩则会在几小时内冷却形成固态岩石。火山剧烈喷发时喷出的小型熔岩
滴甚至可以在半空中完成凝固。

　　细粒结构。当火成岩在地表形成，或以小型侵入体的形式形成于上地壳内时，
相对较快的冷却速度会使其呈现出细粒结构（见图 2-6F）。按照定义，构成细粒
火成岩的晶体颗粒非常小，只有在显微镜或者其他尖端技术的帮助下才能看清每
一种矿物。因此，我们通常用浅色、中间色或者暗色来描述细粒火成岩的特征。

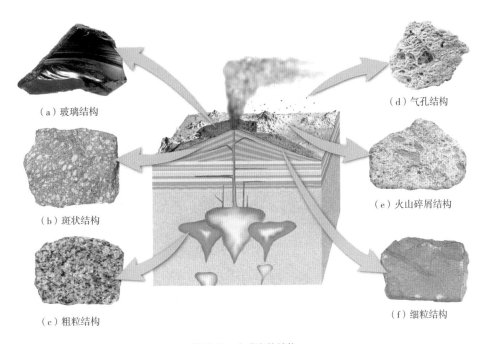

（a）玻璃结构

（d）气孔结构

（b）斑状结构

（e）火山碎屑结构

（c）粗粒结构

（f）细粒结构

图 2-6 火成岩的结构

图（a），由无序的原子组成，看起来像深色的人造玻璃。图（b），由大小明显不同的两种晶体组成。图（c），矿物晶体颗粒较大，不借助显微镜也能识别。图（d），喷出岩中因岩浆凝固时气体溢出而留下的孔洞。图（e），由爆炸性火山喷发出的火山灰、熔岩滴和棱角状块体等碎屑物固结在一起形成。图（f），晶体非常小，必须借助显微镜才能识别每一种矿物。

粗粒结构。当大量岩浆在地下深处缓慢结晶时，它们形成的火成岩呈现粗粒结构。粗粒岩石含有大量共生的晶体，这些晶体大小相近，并且大到不用显微镜就可以识别其中的每一种矿物（见图 2-6c）。地质学家经常借助小型放大镜来鉴别粗粒火成岩中的矿物。

斑状结构。当岩浆总量较大时，可能需要几千年甚至几百万年才能冷却凝固。考虑到不同的矿物会在不同的温度和压力条件下结晶，很有可能当某种矿物的晶体已经很大时，另一种矿物还没有开始结晶。如果含有一些较大晶体的熔岩喷发或流动到了温度更低的地方，这时剩余的岩浆液态部分就将快速冷却。由此形成的岩石，大晶体镶嵌在细小晶体构成的基质中，这就是斑状结构，如图 2-7

所示。斑岩中的大晶体被称为斑晶（phenocrysts），而小晶体部分被称为基质（groundmass）。

基质

斑晶

1厘米

图 2-7   斑状结构

斑状岩石中的大晶体被称为斑晶，小晶体构成基质。

资料来源：Dennis Tasa。

气孔结构。很多喷出岩都含有孔洞，它代表了岩浆凝固时形成的气泡。这些近似球形的空腔叫作气孔，含有气孔的岩石就具有气孔结构。具有气孔结构的岩石通常形成于熔岩流的上部，这个位置的冷却速度足够快，因此气泡膨胀时产生的空腔得以保留下来（见图 2-8）。浮石是一种常见的气孔结构岩石，形成于爆炸性喷发时喷出的富硅岩浆（见图 2-6d）。

熔岩流

图 2-8   气孔结构与熔岩流

气泡从熔岩流顶部附近溢出时就会形成气孔。

资料来源：熔岩流图片，USGS。

泡孔结构

玻璃结构。在某些火山爆发期间，熔融的岩石被喷射到大气中，迅速冷却成固体。这种快速冷却可能会形成具有玻璃结构的岩石（见图2-6a）。如果无序的离子在结合成有序的晶体结构之前就被"原位冻结"，就会形成玻璃。黑曜石是一种常见的大然玻璃，其外观类似于黑色的人造玻璃块。

火山碎屑（碎片）结构。还有一种火成岩由火山爆发期间喷射出的火山碎屑固结而成。喷射出的碎屑可能是非常细小的火山灰、熔岩滴，或者喷发时从火山口外壁上碎裂掉落的棱角状大石块。由这些岩石碎屑组成的火成岩具有我们所说的火山碎屑结构（见图2-6e）。熔结凝灰岩是一种常见的火山碎屑岩，它是由细粒玻璃碎屑所组成的，由于这些碎屑能够保持足够高的温度，故而最终融合在一起。

> **·⸰ 你知道吗？ ⸰·**
>
> 在石器时代，火山玻璃（黑曜石）被用来制作切割工具。今天，黑曜石制成的手术刀被用于精细的整形手术，因为它们比钢制的手术刀造成的疤痕更少。密歇根大学医学院副教授李·格林解释说："钢制手术刀的边缘很粗糙，而黑曜石手术刀更光滑、更锋利。"

常见的火成岩

地质学家按照结构和矿物构成对火成岩进行分类。火成岩的结构主要由其冷却过程决定，而矿物组成则主要由母体岩浆的化学构成决定（见图2-9）。因为火成岩是根据矿物构成和结构来分类的，所以一些岩石即使矿物构成相似，也会由于结构不同而拥有不同的名称。

花岗岩（长英质）。花岗岩是一种粗粒深成岩，由大量富硅岩浆在地下深处缓慢凝固形成。在造山运动期间，花岗岩及相关深成岩可能会被抬升，风化和侵蚀过程会使上覆地壳剥落。落基山脉的派克斯峰、布莱克山上的拉什莫尔山、佐治亚石山以及内华达山脉的约塞米蒂国家公园，这些地区都有大量花岗岩暴露在地表，比如约塞米蒂国家公园的酋长岩（见图2-10）。

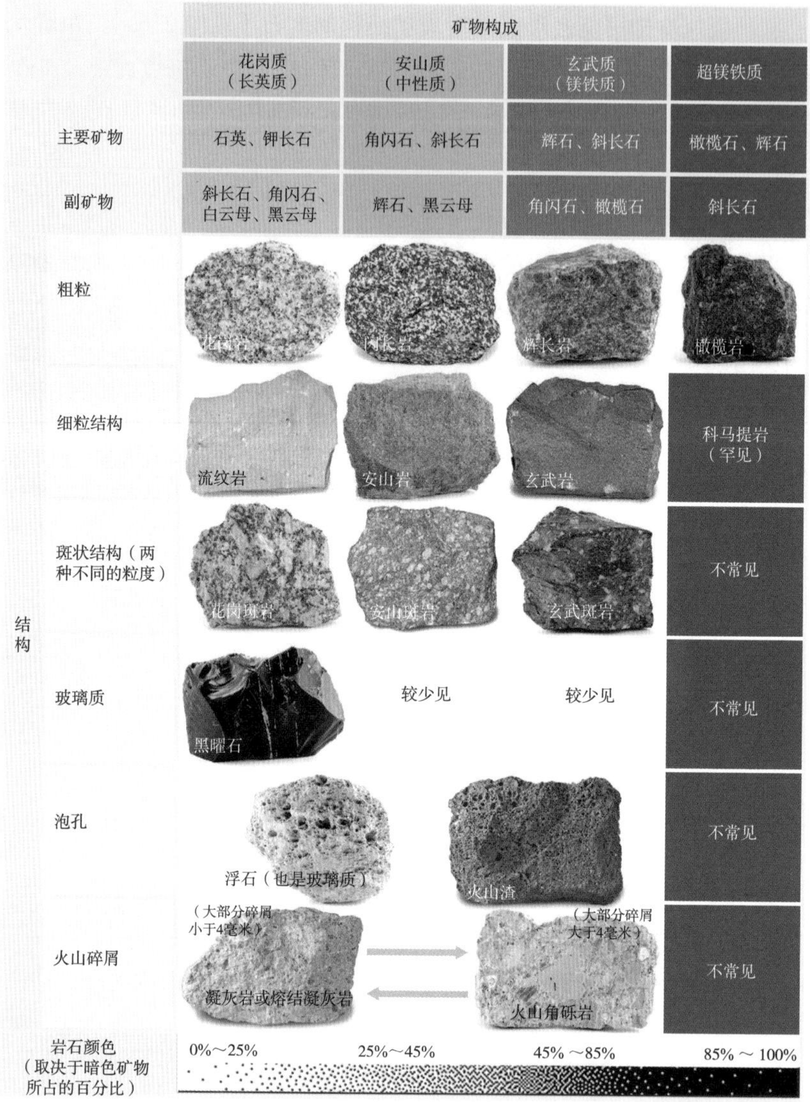

图 2-9　火成岩的分类

粗粒岩石属于深成岩，在地下深处凝固。细粒岩石可以是火山岩，也可以由较浅、较薄的岩体凝固形成。超镁铁质岩石是深色的高密度岩石，几乎全部由含铁和镁的矿物组成。超镁铁质岩尽管在地表较罕见，却是上地幔的主要成分。

资料来源：Dennis Tasa。

图 2-10　酋长岩岩石含有形成过程的信息

这块巨大的花岗岩（酋长岩）位于约塞米蒂国家公园，曾经是地球深处的熔岩。

资料来源：Michael Collier；左侧小图，Jimmy Chin/National Geographic Creative/Alamy Stock Photo；右侧小图，Dennis Tasa。

花岗岩也许是最为人熟知的火成岩，一方面是因为它天然的美感，经抛光后这一点尤为明显；另一方面则是因为其含量丰富。抛光的花岗岩板通常用来制作墓碑、纪念碑和台面。

流纹岩。相当于喷出的花岗岩，它们的化学成分相同但结构不同，流纹岩主要成分也是浅色硅酸盐矿物（见图 2-9）。这一点就能解释为何它的颜色通常为浅黄色至粉红色或者浅灰色。流纹岩颗粒较细，常含玻璃碎屑和气孔，这说明它形成于快速冷却的地表环境。花岗岩通常以大型深成岩的形式广泛分布，相比之下，流纹岩不太常见，体积也普遍较小。黄石公园是一个非常著名的例外，那里四处可见流纹岩的熔岩流以及厚层的流纹质火山灰沉积。

黑曜石。黑曜石是一种常见的火山玻璃。尽管颜色很深，但黑曜石通常含有长英质成分，它呈深色是因为透明的玻璃状物质中存在少量金属离子。由于具有良好的贝壳状断口和锋利、坚硬的边缘，黑曜石曾被美洲原住民视为一种珍贵的材料，用于制作箭头和切削工具（见图 2-11）。

还有一种富硅火山岩同时具有玻璃结构和气孔结构，它就是浮石。浮石经常和黑曜石伴生，大量气体从熔岩中溢出而产生的灰色多孔物质就是浮石（见图 2-12）。在某些标本中，浮石的气孔非常明显，但在其他一些标本中，浮石看起来就像相互交织的细粒玻璃碎屑。由于具有大量被空气填充的气孔，很多浮石都可以漂浮在水中（见图 2-12）。

├── 2厘米 ──┤

图 2-11　用天然玻璃黑曜石制成的箭头

美洲原住民曾用黑曜石制作箭头和切削
工具。

资料来源：trekandshoot/Shutterstock。

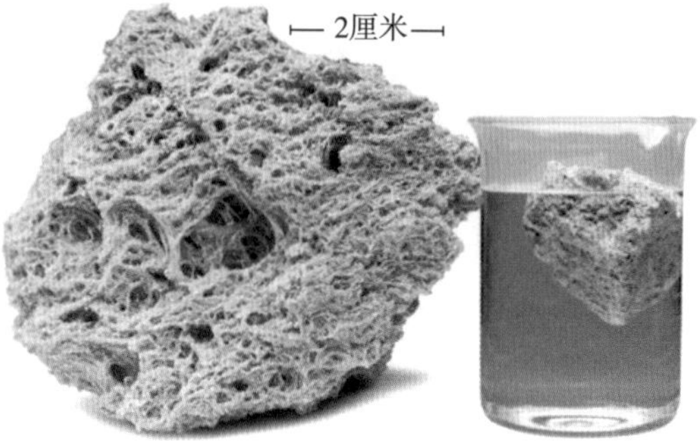

图 2-12　浮石标本

浮石是一种气孔状玻璃质岩石，含有大量孔隙，因此非常轻。
资料来源：右图，Chip Clark/Fundamental Photographs, NYC。

安山岩（中性质）。 安山岩是一种中灰色喷出岩。它可能为细粒结构，也可能是斑状结构（见图 2-9），通常带有斜长石（白色矩形）或角闪石（黑色长条形）的斑晶。安山岩是环太平洋地区很多火山的主要成分，包括安第斯山脉（得名于此）和喀斯喀特山脉的火山。

闪长岩。 相当于安山岩的深成岩，是一种类似于灰色花岗岩的粗粒岩石。闪长岩和花岗岩的区别在于，闪长岩几乎不含或完全不含肉眼可见的石英晶体，并且含有较高比例的暗色硅酸盐矿物。

玄武岩（镁铁质）。 玄武岩是最常见的喷出岩，是一种主要由辉石、橄榄石和斜长石组成的深绿色至黑色细粒火山岩。很多火山岛主要由玄武岩构成，比如夏威夷群岛和冰岛（见图 2-13）。此外，洋壳的上层也由玄武岩构成。美国俄勒冈州中部和华盛顿州大部分地区都广泛分布着玄武岩。

图 2-13　夏威夷基拉韦厄火山的液态玄武质熔岩

资料来源：David Reggie/ Perspectives/ Getty Images。

　　玄武岩的深成岩是粗粒辉长岩（见图 2-9）。辉长岩通常不会暴露在地表，但它是洋壳的重要组成部分。

火成岩的形成过程

　　由于火成岩的成分复杂多变，所以我们可以合理地认为岩浆的成分也是多种多样的。然而，地质学家观察到，同一个岩浆房孕育的同一座火山，喷发出的熔岩也可能具有截然不同的成分。这些现象促使地质学家开始研究岩浆是否可能产生变化（演化），从而成为各种火成岩的母体。为了验证这一想法，诺曼·鲍温（Norman L. Bowen）在 20 世纪初的 20 多年中，展开了对岩浆结晶过程的开拓性研究。

　　鲍温反应系列。在实验环境下，鲍温证明了岩浆具有复杂的化学性质，其结晶温度范围至少在 200℃以上，不像由单一化合物（比如水）组成的液体只在一个特定的温度下凝固。当岩浆冷却时，某些矿物先在相对较高的温度下结晶。随着温度逐渐降低，其他矿物也开始结晶。图 2-14 展示了这种矿物结晶的顺序，也就是鲍温反应系列。鲍温发现，最先从岩浆中结晶析出的矿物是橄榄石。岩浆进一步冷却，形成辉石和斜长石。在中等温度下，角闪石和黑云母也开始结晶。

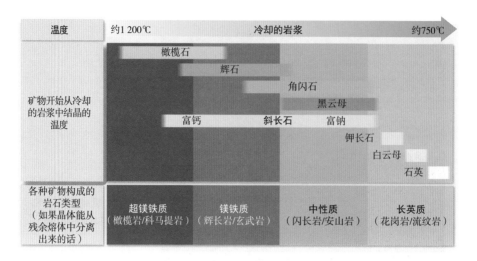

图 2-14　鲍温反应系列

该图显示了矿物从岩浆中结晶的顺序。可以将这张图和图 2-9 中岩石的矿物构成对照着看。值得注意的是，每种岩石类型都由在同一温度范围内结晶的矿物组成。

在结晶的最后阶段，岩浆的大部分已经冷却凝固之后，钾长石和白云母才可能出现（见图 2-14）。最终，石英从剩余液体中结晶析出。我们很难在火成岩中同时发现橄榄石和石英，因为石英结晶的温度远低于橄榄石。

对火成岩的分析证明了这种结晶模型非常接近自然界的真实情况。我们尤其应该注意到，在鲍温反应系列中，在大致相同的温度范围内形成的矿物，通常会出现在同一种火成岩中。位于同一区域内的石英、钾长石和白云母，通常一起构成花岗岩的主要成分（见图 2-14）。

Q3　人行道为什么会出现裂缝？

新浇筑的混凝土人行道看起来很平整光滑，没有风化的迹象。然而，过不了几年，人行道就会出现缺口、裂缝，变得粗糙，有时还会露出铺路的卵石。如果道旁长着一棵树，它的根可能会生长在混凝土下面。长此以往，它就使混凝土鼓胀破裂。同样的自然过程，不仅会逐渐破坏混凝土人行道，也会使岩石分解，不管岩石的类型和强度如何，结果都会如此。

所有材料都易风化，例如，上面说的混凝土的风化过程与沉积岩非常相似。在接下来的部分，我们将讨论机械风化和化学风化的各种模式。虽然我们分开讨论这两种类别，但请记住，机械风化和化学风化过程通常在自然界中是同时进行且相互促进的。

机械风化

当岩石经历机械风化时，它会破碎成越来越小的碎片，每一块都保留了原始材料的特征。这一过程最终将导致一块较大的岩石破碎成很多小碎片。图2-15表明岩石破碎成小块后，化学侵蚀的作用面积会增加。因此，机械风化通过将岩石破碎成小块，增加了可发生化学风化的表面积。

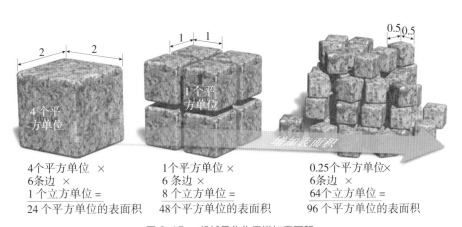

4个平方单位 ×
6条边 ×
1个立方单位 =
24个平方单位的表面积

1个平方单位×
6条边 ×
8个立方单位 =
48个平方单位的表面积

0.25个平方单位×
6条边 ×
64个立方单位 =
96个平方单位的表面积

图2-15　机械风化作用增加表面积

机械风化作用使岩石破碎成更小的碎片，使更多表面受到化学风化作用。机械风化增加了化学风化的效率，因为化学风化只能发生在裸露的表面。

在自然界中，4个重要的物理过程可导致岩石碎裂：冰劈作用、盐晶体生长、卸荷作用（层状侵蚀）引起的膨胀，以及生物活动。此外，随着波浪、风、冰川冰和流水等侵蚀介质搬运岩石碎片，这些碎屑将会发生进一步破碎和磨损。

冰劈作用。如果你把一个装满水的玻璃瓶长时间放在冰箱里冷冻，瓶子就会裂开（见图 2-16）。瓶子之所以会破裂，是因为水在结冰时体积会膨胀约 9%。在寒冷天气中，暴露在室外的水管会破裂，也是这个原因。冰劈作用的原理与此相同：当水进入岩石裂缝结冰后，体积会膨胀并使裂缝扩大，最终导致岩石破碎成棱角状的碎片（见图 2-17）。

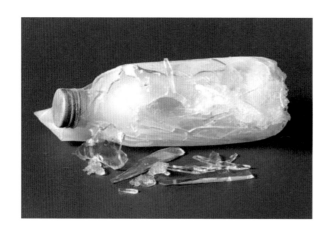

图 2-16　冰撑破了瓶子

瓶子会破裂是因为水在结冰时体积会膨胀约 9%。资料来源：Martyn F. Chillmaid/Science Source。

传统观点认为，大多数冰劈作用是通过上述方式发生的。然而，研究表明，当冰晶状体形成后，它在继续生长时也会发生冰劈作用。水分会从岩石中未冻结的孔隙空间以液体薄膜形式发生迁移，为冰晶状体提供补给，因此冰晶体会越长越大，从而使岩石变得脆弱，最终发生破裂。

盐晶体生长。使岩石破裂的膨胀力还包括盐晶体的生长。多岩石的海岸线和干旱地区常发生这一过程。当海浪或含盐地下水渗透进岩石的缝隙和孔隙时，这一过程就开始了。随着水分蒸发，盐晶体开始形成。当这些晶体逐渐变大，它们挤开周围的岩石颗粒，扩大微小的裂缝，使岩石更加脆弱。

图 2-17 冰劈作用

在山区，冰劈作用会制造出棱角状岩石碎片，它们堆积起来，进而形成陡峭的岩屑坡。

资料来源：Marli Miller。

层状侵蚀。当大块火成岩，特别是花岗岩，因侵蚀而暴露在地表时，同心状的岩板开始剥落。这一过程会形成洋葱状剥离层，该过程叫作层状侵蚀，也叫卸荷作用。它的发生，至少有一部分原因是上覆岩石被侵蚀时压力的大幅下降，这一过程被称为卸荷。图 2-18 说明了当时发生的情况：当覆盖层被移除时，花岗岩体的外部比下方的岩石膨胀得更严重，然后就会与岩体分离。持续的风化最终导致岩板分离和脱落，形成页状剥离丘（exfoliation dome）。佐治亚石山和约塞米蒂国家公园的半圆穹顶就是典型的页状剥离丘。

生物活动。植物、穴居动物和人类的活动都可引起风化作用。植物的根为了寻找矿物质和水会生长到裂缝中，随着根的生长，它们会楔入并撑开岩石（见图 2-19）。穴居动物会将新鲜物质转移到地表，使物理和化学过程可以更有效地风化岩石，从而使岩石进一步破碎分解。腐烂的生物体也会产生酸，这有助于化学风化。在某些地方，人类为了寻找矿物或修建道路而炸开岩石，这对岩石造成的影响尤为明显。

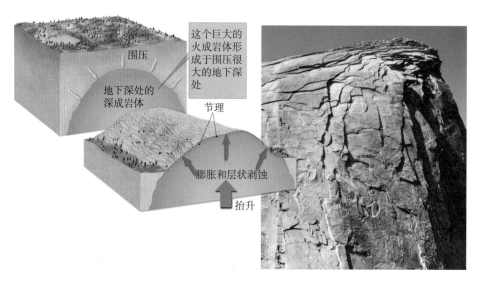

图 2-18　卸荷造成层状侵蚀

层状侵蚀会导致叶状剥离丘的形成。左侧下方图，随着侵蚀将覆盖的基岩移除（卸荷作用），火成岩体的外部就会膨胀。形成的节理将与地面平行。持续的风化会导致岩石板分离脱落。右侧图，位于约塞米蒂国家公园的半圆穹顶是一个页状剥离丘，图中可见由层状侵蚀作用形成的洋葱状岩石层。

资料来源：Gary Moon/age Fotostock。

植物的根可以伸进节
理并继续粗变长，
这一进程扩大了裂缝
并使岩石破裂

图 2-19　破坏岩石的植物

科罗拉多州博尔德附近，植物根部楔入岩石

资料来源：Kristin Piljay。

化学风化

化学风化。化学风化是一个复杂的过程，通过去除或添加元素来改变矿物的内部结构。在转化过程中，原始岩石分解成可在新环境中稳定存在的物质。因此，只要化学风化的产物还保留在与形成时相似的环境中，它们的性质就基本不会改变。

在前面我们已经了解到，机械风化可以将岩石破碎成更小的碎块，增加了可供化学风化的岩石碎片的总面积。还应注意的是，化学风化对机械风化也有促进作用。它使某些岩石的外部弱化，因此岩石更易在机械风化的作用下发生破碎。

水、氧气和二氧化碳。水是迄今为止最重要的化学风化介质。虽然纯水的化学性质不活泼，但仅需少量溶解性物质就能将其激活。溶解在水中的氧气可以氧化一些物质。例如，如果我们在潮湿的土壤中发现了一枚铁钉，它往往会有一层铁锈（氧化铁），如果暴露时间很长，铁钉就跟牙签一样很容易被折断。当含有富铁矿物的岩石被氧化时，表面会出现黄色到红褐色的铁锈。

二氧化碳溶于水会形成碳酸。雨水落下时会溶解大气中的一些二氧化碳，而当水渗入土壤时，腐烂的有机物也会释放更多二氧化碳。碳酸电离形成非常活泼的氢离子和碳酸氢根离子。像碳酸这样的酸可以轻易分解许多岩石并生成一些可溶于水的物质。例如，方解石是常见的建筑石材大理石和石灰石的主要成分，即使是弱酸性溶液也很容易侵蚀它们。在自然界中，经过数千年的时间，大量灰岩被地下水溶解并带走。这种活动是灰岩洞穴形成的主要原因。

化学风化的产物

为了说明由硅酸盐矿物构成的岩石在受到碳酸侵蚀时如何发生化学风化，我们将以地球陆壳中常见的花岗岩的风化为例。如前所述，花岗岩主要由石英和钾长石构成。花岗岩中钾长石的风化涉及这样一个化学反应：碳酸中的氢离子取代长石结构中的钾离子。钾一旦被移走，就可以成为植物的养分，或者成为可溶性盐碳酸氢钾，碳酸氢钾可以与其他矿物结合或被地下水和溪流带入海洋。

长石的剩余元素会重新组织形成黏土矿物。黏土矿物是化学风化的最终产物，所以在地表条件下非常稳定。黏土矿物在土壤的无机物中占很高的比例，常见的沉积岩之一页岩中也含有黏土矿物。

在这个化学反应中，除形成黏土矿物外，也有一些二氧化硅从长石结构中被移除，并被地下水带走。这些溶解的二氧化硅最终会沉淀（以固体形式从溶液中沉淀出来）形成燧石结核，填充沉积物颗粒之间的孔隙，或者会被带入海洋。一些微小的动物会去除燧石结核中的其他物质，为自己构建坚硬的二氧化硅外壳。

石英也是花岗岩的主要成分，抗化学风化能力很强；当受到弱酸性溶液侵蚀时，它基本上不会发生改变。因此，当花岗岩风化时，长石晶体的颜色会逐渐变暗并转化为黏土，而在此过程中，那些曾紧密结合的石英颗粒被释放。这些石英颗粒仍然保持着新鲜的玻璃状外观。虽然有些石英还留在土壤中，但大多会被带到海洋或其他沉积环境，成为沙滩和沙丘等地貌的主要成分。随着时间的推移，它可能会成岩化，形成沉积岩砂岩。

> **—— 你知道吗？——**
>
> 制造玻璃时最重要也是最常见的材料是二氧化硅，它通常取自"干净"且分选良好的砂岩中的石英。

表 2-1 列出了一些最常见的硅酸盐矿物的风化产物。硅酸盐矿物是地壳的主要构成矿物，这些矿物基本上只由 8 种元素组成。当发生化学风化时，硅酸盐矿物释放钠、钙、钾和镁 4 种离子，这些离子会形成可溶性物质被地下水溶解带走。铁元素与氧结合，形成不溶于水的氧化铁，从而使土壤呈现红棕色或黄色。在大多数情况下，剩下的铝、硅和氧这三种元素会与水结合形成剩余的黏土矿物。

表 2-1 风化产物

矿物	残余物	溶液中的物质
石英	石英颗粒	硅
长石	黏土矿物	二氧化硅、钾离子（K^+）、钠离子（Na^+）、钙离子（Ca^{2+}）
角闪石	黏土矿物氧化铁	二氧化硅、钙离子（Ca^{2+}）、镁离子（Mg^{2+}）
橄榄石	氧化铁	硅、镁离子（Mg^{2+}）

Q4 岩石是如何"自己给自己搬家的"?

岩石在风化过程中分解破碎（见图 2-1），接着，重力和侵蚀介质会使风化产物发生移动，将它们带到新的地方沉积下来。岩石颗粒在搬运过程中通常会进一步破碎。沉积之后，这些沉积物可能会成岩化，或者说"变成岩石"。

sedimentary（沉积的）一词表明了此类岩石的性质，它源于拉丁文 sedimentum，也就是"沉淀"的意思，指固体物质从流体中沉淀出来。大多数沉积物都以这种形式沉积。基岩上不断产生风化碎屑，这些碎屑会被流水、波浪、冰川冰或风带走。最终，这些物质就会在湖泊、河谷、海洋和其他很多地方沉积下来。沙漠沙丘的沙砾、沼泽的泥土、河床上的砾石，甚至家里的灰尘，都是这永不停息的过程中所产生的沉积物。

基岩（bedrock）的风化以及这种风化岩石物质的搬运和沉积是连续不断的。因此，沉积物几乎无处不在。随着沉积物不断堆积，靠近底部的物质因上覆物质的重量而被压实。经过很长时间，从水中沉淀在颗粒间隙里的矿物质将这些沉积物胶结在一起，如此就形成了坚固的沉积岩。

地质学家估计，在地球表层大约 16 千米的范围内，沉积岩的体积大约只占 5%。然而，这类岩石的重要性远远不是这个百分比所能代表的。如果对露出地表的岩石进行取样,你会发现其中绝大多数(约75%)都是沉积岩(见图2-20)。因此,我们可以认为,沉积岩构成了地壳最顶部的一层相对较薄且有些不连续的岩层。

图 2-20　犹他州圆顶礁国家公园的河谷褶皱中露出的沉积岩

在大陆暴露出来的所有岩石中,大约75%都是沉积岩。

资料来源:Michael Collier。

　　地质学家正是通过沉积岩才了解到有关地球历史的很多细节。由于沉积物会在地表的各种不同环境中沉淀,所以它们最终形成的岩层也为我们了解过去的地表环境提供了很多线索。地质学家甚至可以通过一些沉积特征破译出沉积物的搬运方式与距离等相关信息。并且,沉积岩含有的化石也是地质年代研究中的重要证据。

　　此外,很多沉积岩具有重要的经济价值。烟煤是美国电能的重要来源,它就是一种沉积。另外几种主要能源(比如石油和天然气)常出现在沉积岩的孔隙中。沉积岩还是铁、铝、镁、化肥以及多种重要建筑材料的主要来源。

沉积岩的类型

地质学家将沉积岩分为三种类型。第一种是碎屑沉积岩，也叫碎屑岩，由机械风化和化学风化作用形成的固体岩屑经搬运堆积而成。第二种是化学沉积岩，它们是由化学风化产生的一些可溶物质（离子）组成的，这些离子通过无机过程或生物过程从溶液中沉淀下来，形成化学沉积岩。第三种是生物沉积岩，它主要由富含碳元素的生物体遗骸形成。煤炭这种黑色的可燃岩石就是主要的有机沉积岩，它源于沉积在沼泽底部的古代植物遗骸，富含后者蕴藏的有机碳。

碎屑沉积岩。尽管碎屑沉积岩中含有各种矿物和岩石碎屑，但在该岩属中，大部分岩石的主要成分还是黏土矿物和石英。如前所述，硅酸盐矿物经化学风化后，最丰富的产物就是黏土矿物，尤其是长石。

黏土属于细粒矿物，它们具有与云母类似的片状结晶结构。石英也是碎屑沉积岩经化学风化后的常见产物，因为它十分坚固，且耐化学风化，所以储量丰富。因此，当花岗岩等火成岩被风化后，脱离出的石英颗粒就容易成为碎屑沉积岩的组成部分。

颗粒的粒度是区分碎屑沉积岩的主要依据。图 2-21 展示了组成碎屑岩的颗粒粒度差异。当圆形的砾石大小的颗粒占主导时，沉积岩就被称为砾岩。砾岩颗粒的尺寸从巨砾到豌豆般大小不等。如果颗粒呈棱角状，则这种砾岩被称为角砾岩。有棱角的碎屑表明颗粒在沉积前并没有从其源头被搬运太远，因此它们的粗糙边缘和棱角没有被磨得圆滑。当颗粒主要是砂砾时，这种沉积岩被称为砂岩。

页岩。由黏土矿物构成，通常指颗粒粒度非常小的沉积岩（见图 2-21）。然而严格来说，只有当一种岩石能够分裂成薄层时，才能被归类为页岩。如果细粒岩石破碎后呈块状，那它应该被称为泥岩。粉砂岩也是一种粒度非常小的岩石，由粉砂大小的稍大颗粒与黏土大小的沉积物混合而成。

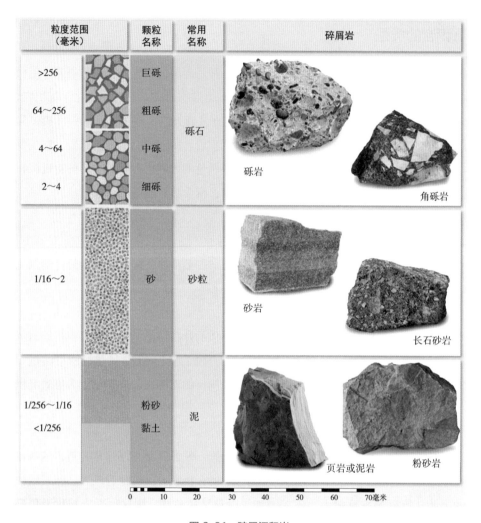

粒度范围（毫米）		颗粒名称	常用名称	碎屑岩
>256		巨砾	砾石	
64~256		粗砾		
4~64		中砾		
2~4		细砾		砾岩 角砾岩
1/16~2		砂	砂粒	砂岩 长石砂岩
1/256~1/16		粉砂	泥	
<1/256		黏土		页岩或泥岩 粉砂岩

图 2-21　碎屑沉积岩

资料来源：Dennis Tasa。

　　粒径还提供了有关沉积物沉积环境的重要信息。水流或者气流会将颗粒按照大小进行分选。水流或气流越强，携带的颗粒就越大，比如迅疾的河流、岩石滑坡和冰川，它们都可以搬运砾石。移动沙子所需的能量较小，因此沙子较常见于风成沙丘、河流沉积物和海滩上。粉砂和黏土沉淀得非常缓慢，这类物质通常积聚在湖泊、潟湖、沼泽或海洋环境中较平静的水域中。

　　尽管碎屑沉积岩主要按照粒度分类，但在某些情况下也可以使用矿物组成来给岩石命名。比如，大多数砂岩富含石英，因此也常被称为石英砂岩。当砂岩中含有的长石超过 25% 时，就被称为长石砂岩。此外，由碎屑沉积物组成的岩石几乎不可能只含一种粒度的颗粒。因此，对于既含有大量砂又含有大量粉砂的岩石，可以根据哪种粒径占主导地位，而将其分为砂质粉砂岩和粉质砂岩。

　　化学沉积岩。相比于由风化的固体产物所形成的碎屑沉积岩，化学沉积岩由溶解在湖水或海水中的物质（离子）构成（见图 2-22）。这些离子不会永远保持溶解状态，它们最终会沉淀形成化学沉积物。盐水蒸发后形成的岩盐就是经物理过程形成化学沉积物的一个例子。

　　水生生物的生命过程也可能直接或间接导致沉淀的发生，这种方式形成的沉积物叫作生物化学沉积物。比如，很多水生动物和植物会提取溶解在水中的矿物质，以形成壳体和其他坚硬部分。当这些生物死亡后，它们的遗骸就会积聚在湖底和海底。

　　灰岩。灰岩是一种非常常见的沉积岩，主要由方解石（$CaCO_3$）矿物组成。几乎 90% 的灰岩都来自海洋生物分泌的生物化学沉积物，剩下的 10% 则是从海水中直接沉淀出的化学沉积物。

　　介壳灰岩。介壳灰岩是一种很容易分辨的生物化学灰岩，是由壳体和壳体碎片松散地胶结在一起形成的粗粒岩石（见图 2-23）。白垩就是一种介壳灰岩，虽然不太明显，但人们很熟悉它们。这是一种柔软多孔的岩石，几乎全部由比针头还小的微生物的坚硬部分组成。英国东南海岸的白崖就是最著名的白垩矿床之一（见图 2-24）。

　　当化学变化或水温较高使得碳酸钙（方解石）沉淀时，便会形成无机灰岩。洞穴中的石灰华就是这样形成的。洞穴中的石灰华来源于地下水，当水滴与洞穴内的空气接触时，一些溶解在水中的二氧化碳会逸出，使碳酸钙发生沉淀。

构成	结构	岩石名称	
方解石 CaCO₃	由细粒到粗粒的晶质	结晶灰岩 	
	极细粒晶体	微晶灰岩 	
	细晶质至粗晶质	石灰华 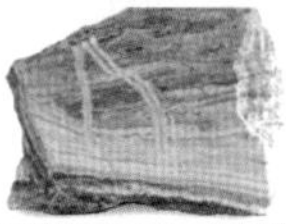	
生物化学灰岩	肉眼可见的介壳与介壳碎片胶结在一起	介壳灰岩 	
	由碳酸钙胶结起大小不同的壳体	含化石的灰岩 	
	微观介壳和黏土	白垩 	
石英 SiO₂	极细粒结晶体	浅色燧石 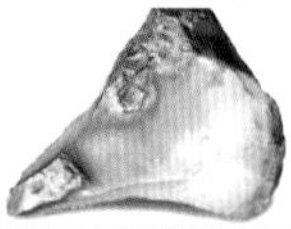	
生石膏 CaSO₄·2H₂O	细粒到粗粒结晶体	石膏岩 	
石盐 NaCl	细粒到粗粒结晶体	岩盐 	
发生改变的植物碎屑 （有机物质）	细粒	烟煤 	

图 2-22　化学沉积岩和有机沉积岩

资料来源：Dennis Tasa。

细部放大

图 2-23 介壳灰岩

这种灰岩由介壳碎片组成，因生物化学作用而形成。

资料来源：大图，David R. Frazier Photolibrary, Inc./Alamy Stock Photo。

巨大的白崖。白垩是一种生物化学石灰岩，几乎全部由海洋微生物（主要是浮游生物）的微小坚硬部分组成

在扫描电子显微镜下观察到的一种叫作颗石藻的浮游生物。它们外部的钙质外壳形似轮毂盖，而它们的个体直径只有3微米，小到可以穿过针孔

图 2-24 白崖

这一著名的白垩矿床大部分位于英国南部，还有一部分位于法国北部。

资料来源：大图，David Wall/ Alamy Stock Photo；

小图，STEVE GSCHMEISSNER/ Science Photo Library/Alamy Stock Photo。

溶解的二氧化硅沉淀后会形成各种微晶岩石——由极细粒石英晶体组成的岩石（见图 2-25）。由微晶石英构成的沉积岩包括浅色与深色的燧石、红色碧玉，以及颜色多样的硅化木。这些化学沉积岩可能具有无机或生物化学成因，而且形成方式通常难以确定。

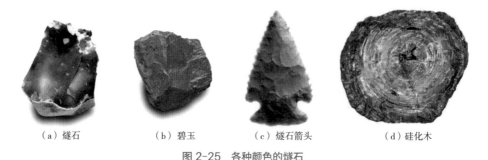

（a）燧石　　　　　　（b）碧玉　　　　　　（c）燧石箭头　　　　　（d）硅化木

图 2-25　各种颜色的燧石

燧石是指由微晶质石英组成的一类致密坚硬的化学沉积岩。

资料来源：图（c），Daniel Sambraus/Science Source；图（d），Gracious Tiger/Shutterstock。

蒸发常常会导致矿物从水中沉淀出来。以这种方式形成的矿物包括石盐和生石膏，它们分别是岩盐和石膏岩的主要成分。这两种物质都有很大的商业价值。大家都很熟悉石盐，因为这就是烹饪和调味所用的食盐的来源。当然，石盐还有很多其他十分重要的用途，因此在人类历史中，人们不断地寻找、交易并争夺它们。生石膏是制作熟石膏的基本原料，熟石膏在建筑行业中被广泛用于制作石膏板预制件和硬石膏。

在地质历史时期，很多现今干燥的陆地曾被浅浅的海湾覆盖，这些浅海湾仅通过狭窄的通道与广阔的深海相连。在这种情况下，海水源源不断地流入这些海湾，补充因蒸发而丢失的水分。最终，海湾中的水体达到饱和，盐分开始沉积。这些海湾现在已经消失不见，而剩下的沉积物质被称为蒸发岩矿床。

大陆上的封闭盆地中也会出现蒸发岩矿床。加利福尼亚州的死亡峡谷就是一个例子。在那里，当降水或周围山脉发生融雪之后，溪流会携带富含矿物质的水，汇集到山谷海拔最低处。随着这些荒漠盆地内的水分不断蒸发，溶解在水中的物质便残留下来，在地面上形成一层白色、富含盐分的外壳。外壳的厚度不断增加，最终形成盐滩（见图 2-26）。

图 2-26 邦纳维尔盐沼

这个犹他州的著名地区曾经是一个大盐湖。这片广阔的蒸发岩矿床占地约 120 平方千米,是一片坚硬的白色盐层,有的地方厚度近 2 米。

资料来源:左侧大图,Jupiterimages/ Stockbyte/Getty Images;右下方小图,NASA。

煤。煤是一种有机沉积岩,与富含方解石或二氧化硅的沉积岩不同,煤主要由有机物质构成。由于煤是通过生物化学活动产生,并且含有机物质,因此常被归类为生物化学岩或有机岩。在放大镜下观察一块褐煤,可以发现其中包含一些植物的结构,比如树叶、树皮

> ─ 你知道吗?
>
> 全世界每年约有 30% 的食盐取自海水。人们将海水泵入池塘,让其蒸发,留下"人工蒸发岩",然后就能收获食盐了。

和树干。它们虽然已经发生了化学变化，但仍然可以分辨出来。这种观察结果足可证明煤是大量植物体被长时间掩埋后形成的最终产物。

形成煤首先要有大量植物遗骸的堆积。但是，要实现这样的堆积需要特殊条件，因为死亡的植物暴露在空气中会腐烂。沼泽是植物体堆积最理想的环境。沼泽中的水通常流动不畅，含氧不足，因此植物不可能完全腐烂（氧化）。这种环境在地球历史上的很多时期是很普遍的。

煤的形成要经历几个阶段。如图 2-27 所示，随着每一阶段的进行，高温高压会除去其中的杂质和挥发成分。褐煤和烟煤属于沉积岩，但是无烟煤则属于变质岩。当沉积层受到造山运动中的褶皱和变形作用后，就会形成无烟煤，详见本章最后一节内容。

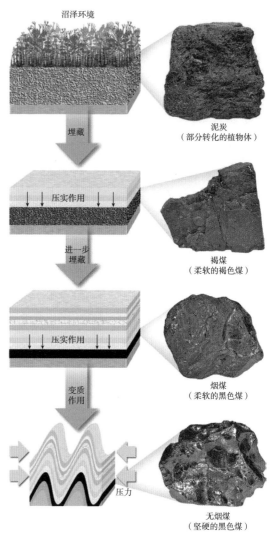

图 2-27　煤炭形成的各个阶段

沉积物的成岩作用

成岩作用。成岩作用是指沉积物转化为固结沉积岩的过程。最常见的一种过程是压实作用(见图2-28a)。当沉积物随着时间逐渐积累,受上层物质重量影响,下层物质会被压缩。当沉积物中的矿物颗粒被压得越来越紧密,孔隙空间也大大缩小。比如当黏土被埋在数千米厚的物质之下时,体积可能会缩小40%。压实作用在使细粒沉积物(比如黏土大小的颗粒)成岩方面,是最有效的。

因为沙子和粗粒沉积物(如砾石)不易被压缩,它们通常通过胶结作用转化为沉积岩(见图2-28b)。渗过颗粒间孔隙的水溶液中含有胶结物。随着时间流逝,胶结物沉淀在颗粒表面,逐渐将孔隙空间填满,就像胶水一样把颗粒黏结在一起。方解石、二氧化硅和氧化铁是最常见的胶结物。鉴别胶结物很容易。稀盐酸能使方解石胶结物冒泡并发出嘶嘶声。二氧化硅是最坚硬的胶结物,因此会形成最坚硬的沉积岩。当沉积岩呈橙色或红色时,通常意味着其中存在氧化铁胶结物。

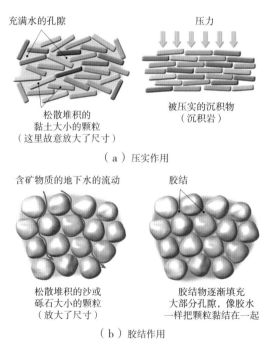

充满水的孔隙

压力

松散堆积的
黏土大小的颗粒
(这里故意放大了尺寸)

被压实的沉积物
(沉积岩)

(a)压实作用

含矿物质的地下水的流动

胶结

松散堆积的沙或
砾石大小的颗粒
(放大了尺寸)

胶结物逐渐填充
大部分孔隙,像胶水
一样把颗粒黏结在一起

(b)胶结作用

图2-28 压实作用和胶结作用

沉积岩的特征

沉积岩在地球历史研究中具有特别重要的地位。这些岩石形成于地表，随着沉积物层层累积，每一层都记录着沉积物沉淀时的环境状况。这些层叫作岩层，是沉积岩最具代表性的特征。

岩层的厚度差异很大，它们可能极薄，也可能达几十米厚。各岩层之间的面叫作层理面（bedding planes），岩石易于沿这个平面发生分离或破裂。一般来说，每个层理面都标志着一个沉积阶段的结束和另一个沉积阶段的开始。

沉积岩为地质学家了解过去的环境提供了证据。例如，砾岩标志着只有粗粒物质才能沉淀下来的高能量环境，比如激流。相反，煤和黑色页岩（含碳量高）则与低能量、富含有机物的环境有关，比如沼泽和潟湖。沉积岩的其他特征也会提供有关过去环境的线索（见图 2-29）。

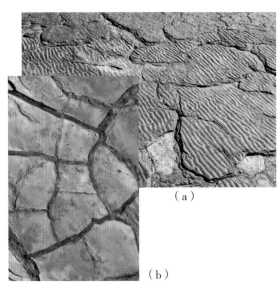

（a）

（b）

图 2-29　沉积环境

图（a），保存在沉积岩中的波痕可能标志着沙滩或河道环境。图（b），泥裂是在湿泥或黏土干燥、收缩时出现的，可能标志着潮滩或沙漠盆地环境。

资料来源：图（a），Tim Graham/Alamy Stock Photo；图（b），Marli Miller。

化石是史前生命的遗体或者遗迹，这些是沉积岩中最重要的内含物（见图

2-30）。了解特定时期存在的生命形式的特征，有助于解答很多关于地球环境的问题，可以帮助我们解答某一地区以前究竟是陆地、海洋、湖泊还是沼泽，气候是炎热还是寒冷以及多雨还是干燥，海水是深还是浅以及浑浊还是清澈。此外，化石还是重要的时间指标，在匹配不同地区同一时代的岩石时，发挥着非常关键的作用。化石是解释地质历史的重要工具。

图 2-30　化石：过去的线索

化石是史前生命的遗体或残骸，主要存在于沉积岩和沉积物中。各种各样的三叶虫化石与古生代有关。

资料来源：Russell Shively/ Shutterstock。

Q5　岩石“变老了”还是同一块岩石吗？

　　变质作用即“改变形态”，是指导致岩石的矿物成分、结构（比如粒度），甚至化学成分发生改变的过程（见图 2-31）。为了响应新的环境，岩石会逐渐发生变化，直到与新环境达成平衡。变质岩是由已存在的火成岩、沉积岩甚至其他变质岩形成的。因此，每一块变质岩都有它的母岩，即发生变质前的岩石。那么，到底是什么力量驱动着岩石变质呢？

> **· 你知道吗？·**
>
> 　　有些低级变质岩实际上含有化石。当化石出现在变质岩中时，它们为确定母岩类型及沉积环境提供了有用线索。此外，在变质过程中形状被扭曲的化石也能提供有关岩石变形程度的信息。

图 2-31　褶皱和变质的岩石

这块岩石露头位于加利福尼亚
州安沙波利哥沙漠州立公园。
资料来源：Alan P. Trujillo。

变质作用的驱动因素

导致变质作用的因素包括热量、围压、差应力和促进化学反应的流体。在变质作用过程中，岩石通常会同时受到这 4 种驱动因素的影响。然而，变质作用的程度和每种因素的影响力都会因环境而异。

变质动因：热量。热量即热能，是变质作用最重要的驱动因素之一。它能够引发化学反应，使现有矿物重结晶并形成新矿物。引发变质作用的热能主要有两种来源。当岩石被下方上升的岩浆侵入时，由于接触变质作用，岩石的温度会上升。在这种情况下，邻近的围岩会被侵入的岩浆"烘烤"。

此外，当形成于地表的岩石被带到更深处时，其承受的温度和压力会逐渐上升。在上地壳中，每下降 1 千米，温度平均升高约 25℃。当埋藏深度大约为 8 千米时，温度会到达 150℃ ～ 200℃，这时黏土矿物往往就会变得不稳定，并开始重结晶，转变成能在这种环境中稳定存在的其他矿物，如绿泥石和白云母。绿泥石是一种类似云母的矿物，由富含铁和镁的硅酸盐矿物经变质作用形成。然而，许多硅酸盐矿物，尤其是在结晶火成岩内发现的矿物，比如石英和长石，却可以在这种温度下保持稳定。因此，这些矿物需要在更高的温度下才能发生变质和重结晶。

变质动因：围压和差应力。和温度一样，压力会随着深度增加而增加，因为上覆岩石的厚度增加了。埋藏的岩石会受到围压的作用。围压与水压相似，在各个方向上压力大小相同（见图 2-32a）。在海洋中，深度越深，围压越大。埋藏的岩石也是如此。围压使得矿物颗粒间的空隙更加紧密，形成密度更高的致密岩石。此外，在更深的地方，围压可能会使矿物重结晶成晶体形式更加致密的新矿物。

在造山运动期间，大型岩体会发生高度褶皱和变质（见图 2-32b）。与围压不同的是，形成山脉的力在各个方向上是不相等的，这种力被称为差应力。受到差应力的岩石会在应力最大的方向上缩短，在与最大应力垂直的方向上被拉长（见图 2-32b）。差应力作用下产生的变形对于变质结构的形成至关重要。

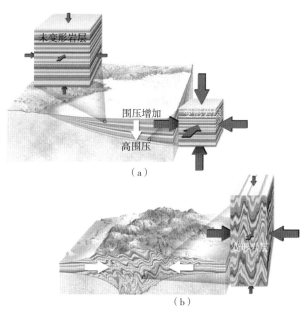

图 2-32　围压和差应力

在温度相对较低的地表环境中，岩石是脆性的，受到差应力时倾向于发生破裂，可以想象重重的靴子大力踩在纤细的水晶上的情形。持续的变形会将矿物颗粒研磨粉碎成细小碎片。而在地壳深处的高温高压环境下，岩石更具有延展性，倾向于流动而不是破碎，就如同重重的靴子大力踩在空易拉罐上的情形。如果岩石表现出延展性，当受到差应力时，矿物颗粒倾向于被压扁和伸长。这就解释了它们为什么可以产生复杂的褶皱（见图 2-32b）。

变质动因：化学活性。富含离子的流体主要由水和其他挥发物（在地表环境下易变为气态的物质）组成，它们在某些变质作用中也可发挥重要作用。矿物颗粒周围的流体就像催化剂一样，可以通过增强离子的迁移能力而促进重结晶。在温度逐渐升高的环境中，这些富含离子的流体会变得更加活跃。促进化学反应的流体可以诱发两类变质作用：改变岩石中矿物颗粒的排布和形状，以及改变岩石的化学成分。

当两种矿物颗粒被挤压在一起时，它们的晶体结构中相互接触的部分受到的应力最大。这些位置的原子很容易被热流体溶解，并随之移动，填充颗粒间的孔隙。因此，热流体可以通过溶解高应力区域的物质，然后将这些物质沉淀在低应力区域，来促进矿物颗粒的重结晶。如此一来，矿物倾向于在垂直于挤压应力的方向上重结晶并生长。

当热流体在岩石中自由流动时，相邻岩层之间可能会发生离子交换，或者离子在最终沉积之前可能迁移很长距离。如果热流体是在岩浆侵入体的结晶过程中逸出的，那么离子更有可能会迁移很长的距离才沉积下来。如果岩浆侵入体的围岩在组成上与侵入的热流体差异很大，那么热流体和围岩之间就可能发生大量的离子交换。如此一来，围岩的整体化学成分就会发生明显变化。

认识了变质作用的驱动力后，我们再来了解变质作用的整个进程是如何发生的。

变质作用通常是渐进的，从轻微改变（低级变质作用）发展到显著改变（高级变质作用）。举个例子，在低级变质作用下，常见的沉积岩页岩会变成一种压实得更紧密的变质岩——板岩（见图 2-33a）。页岩和板岩经手工取样得到的标本有时很难看出区别，这说明从沉积岩到变质岩的转变通常是渐进的，变化可能很细微。

在更极端的环境中，变质作用将使岩石发生彻底的转化，导致无法确定母岩类型。在高级变质作用中，母岩中可能存在的层理面、化石以及气孔等特征都会被抹去。此外，由于地壳深处温度很高，如果岩石受到定向压力，整块岩体可能会变形，形成褶皱等大型构造（见图 2-33b）。

母岩（页岩）

变质岩（板岩）

低级变质作用

低温低压

松散堆积的
黏土矿物

紧密堆积的
绿泥石和云
母矿物

（a）

母岩（花岗闪长岩）

变质岩（褶皱片麻岩）

高级变质作用

强挤压应力、
高温高压

方向随机的
矿物颗粒

颗粒分离形成
变形层

（b）

图 2-33　变质级别

资料来源：Dennis Tasa。

　　根据定义，经历变质作用的岩石基本上能保持固态。在最为极端的变质环境中，温度甚至会接近岩石的熔点。然而，如果发生了显著的熔化，岩石经历的过程就属于岩浆活动的范围了。

　　大多数变质作用发生在以下两种条件下：

· **有岩浆侵入时**，岩石可能会发生接触变质作用。在这种情况下，岩浆会将周围的岩石加热到引发变质作用的温度。

· **在造山运动时**，大量岩石会遭受与大规模变形对应的高压和高温，这一过程
被称为区域变质作用。

每片大陆上都暴露着范围广阔的变质岩。变质岩是很多造山带的重要组成部分，构成了山脉结晶核的很大一部分。即使是通常被沉积岩覆盖的稳定大陆内部，也被变质基岩所覆盖。在上述条件中，变质岩通常发生高度变形，并且有火成岩岩体侵入。由此可见，地球上大部分陆壳是由变质岩和相关的火成岩组成的。

接下来，让我们跟随地质学家的脚步，一起把目光从变质岩的宏观形成过程转移到变质岩本身的结构组成上来。

变质结构

岩石的结构和矿物成分可以反映变质作用的程度。如前所述，科学家通常用"结构"一词来描述岩石颗粒的大小、形状和排列。当岩石经历低级变质作用之后，会变得更加坚实、致密。比如，页岩遇到的压力和温度如果稍高于成岩化时压实过程的压力和温度时，就会变质形成板岩。在这种情况下，差应力会使页岩中细小的黏土矿物以一种更加紧密的形式排列。在更为极端的温度和压力下，应力会导致某些矿物重结晶。通常来说，重结晶有利于形成更大的晶体。因此，很多变质岩都是由肉眼可见的晶体组成的，与粗粒火成岩很相似。

叶理。叶理（foliation）是指岩石中矿物颗粒或结构特征以近乎水平形式排列的构造。尽管叶理也可能会在某些沉积岩和某些种类的火成岩中出现，但它是区域变质岩的基本特征。区域变质岩指的是主要在褶皱期间发生强烈变形的岩石单位。在变质环境中，压缩应力会使岩石单位缩短，导致先前存在于岩石中的矿物颗粒形成平行或近似平行的排列，最终形成叶理（见图 2-34）。叶理的例子有很多，比如云母等片状（扁平、碟状）矿物的平行排列、变砾岩特有的细长而扁平的成分、成分条带（由于深色和浅色矿物分离而出现的层状条带），以及岩石劈理（岩石容易沿岩石劈理破裂成板片）。必须注意的是，岩石劈理与前文讨论的矿物解理无关。

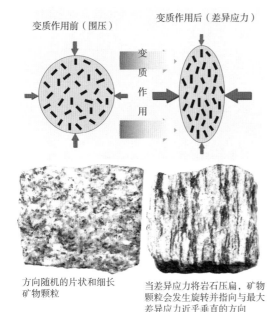

变质作用前（围压）　　变质作用后（差异应力）

变
质
作
用

方向随机的片状和细长
矿物颗粒

当差异应力将岩石压扁，矿物
颗粒会发生旋转并指向与最大
差异应力近乎垂直的方向

图 2-34　叶理结构形成过程

在变质作用的差应力下，一些矿物颗粒会
重新定向到与压力垂直的方向。由此形成
的矿物颗粒的排列使得岩石具有叶理（层
状）结构。左侧的粗粒火成岩（花岗岩）
在经历强烈的变质作用后，最终可能会变
得非常类似于右侧的变质岩（片麻岩）。
资料来源：Dennis Tasa。

非叶理结构。不是所有变质岩都有叶理结构。在变形较弱、母岩中矿物的化学成分相对简单（如石英或碳酸钙）的情况下，一般会形成非叶理结构。比如，当一种细粒灰岩（由碳酸钙组成）由于高温岩浆体侵入而发生变质（接触变质作用）时，小的碳酸钙颗粒会重结晶成更大的交织晶体。由此形成的变质岩叫大理岩，它的矿物颗粒大而均匀，排列方向随机，与粗粒火成岩的晶体结构很相似。

常见变质岩

常见的变质岩如图 2-35 所示，详细介绍如下。

叶理变质岩。板岩是一种粒度极小的叶理变质岩，由细小到肉眼几乎看不见的云母薄片组成（见图 2-35）。板岩的一个值得注意的特征是明显的岩石劈理，即破裂成板片的趋势。这一性质使得板岩成为制作房顶、地板和台球桌的绝佳石材（见图 2-36）。板岩通常由页岩经低级变质作用形成，偶尔也会由火山灰变质产生。板岩颜色多样，黑色的板岩含有机物，红色的板岩含氧化铁，绿色的板岩通常含有绿泥石（一种绿色的云母状矿物）。

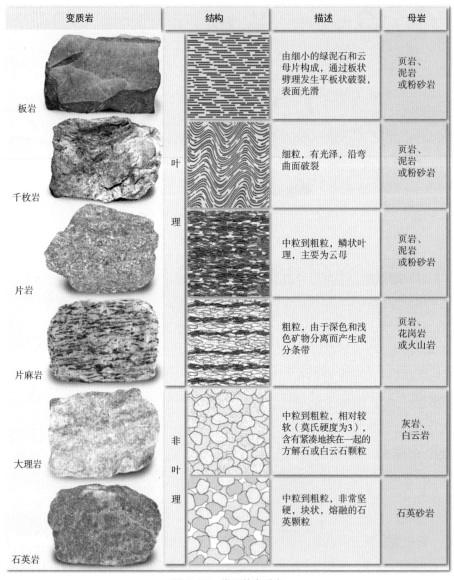

变质岩	结构	描述	母岩
板岩	叶理	由细小的绿泥石和云母片构成，通过板状劈理发生平板状破裂，表面光滑	页岩、泥岩或粉砂岩
千枚岩		细粒，有光泽，沿弯曲面破裂	页岩、泥岩或粉砂岩
片岩		中粒到粗粒，鳞状叶理，主要为云母	页岩、泥岩或粉砂岩
片麻岩		粗粒，由于深色和浅色矿物分离而产生成分条带	页岩、花岗岩或火山岩
大理岩	非叶理	中粒到粗粒，相对较软（莫氏硬度为3），含有紧凑地挨在一起的方解石或白云石颗粒	灰岩、白云岩
石英岩		中粒到粗粒，非常坚硬，块状，熔融的石英颗粒	石英砂岩

图 2-35　常见的变质岩

图 2-36　板岩的岩石劈理

板岩可以破裂成平板，因此用途十分广泛。右下大图显示的是挪威阿尔塔附近的一个采石场。在左上角的小图中，石板被用作瑞士一所房子的屋顶。

资料来源：大图，Fred Bruemmer/Photolibrary/Getty Images。

千枚岩。千枚岩是指变质程度介于板岩和片岩之间的岩石。千枚岩中的扁平状矿物主要是白云母和绿泥石，它们比板岩中的矿物大，但没有大到可以用肉眼轻易识别的程度。虽然千枚岩与板岩外形相似，但通过它的光泽和波浪状表面可以很容易地与板岩区分开来（见图 2-35）。

片岩。片岩是经区域变质作用形成的中级到高级叶理变质岩石（见图 2-35）。片岩呈板片状，可以轻易被分成薄片或石板。许多片岩的母岩是页岩。"片岩"一词描述的是岩石的结构，与岩石的成分无关。例如，主要由白云母和黑云母组成的片岩就叫作云母片岩。

片麻岩。片麻岩是指带状变质岩，主要由细长和粒状矿物（与片状矿物相反）组成（见图 2-35）。片麻岩中最常见的矿物是石英和长石，还含有少量的白云母、黑云母和角闪石。在片麻岩中，浅色硅酸盐和深色硅酸盐矿物分离显著，因此具有独特的带状结构。在地表以下高温、高压区域，带状片麻岩可以变形为复杂的褶皱。

非叶理状变质岩。非叶理状变质岩包括大理岩，这是一种粗粒结晶岩石，其母岩为灰岩（见图 2-35）。大理岩由较大的方解石晶体紧密连接而成，而这些晶体是由母岩中较小的颗粒重结晶形成的。大理岩相对柔软，莫氏硬度只有 3，加之其颜色典雅，因此是一种很受欢迎的建筑石材。白色大理岩特别适合雕刻纪念碑和雕像，华盛顿特区的林肯纪念堂和印度的泰姬陵采用的就是这种石材（见图 2-37）。形成大理岩的母岩中可能含有各种能使其着色的杂质，因此它可能呈现出粉红色、灰色、绿色，甚至黑色。

图 2-37　泰姬陵

泰姬陵的外部主要由变质岩大理岩建造。

资料来源：Sam Dcruz/Shutterstock。

> **你知道吗？**
>
> 几个世纪以来，由于大理石易于雕刻，它们一直被用于建筑物雕像和纪念碑的制作。著名的大理石雕像作品有米开朗基罗的《大卫》，还有古希腊艺术家创作于公元前 150 年左右的雕像：《米洛斯的维纳斯》。

石英岩。石英岩是一种非常坚硬的变质岩，通常由石英砂岩变质而成（见图 2-35）。在中级到高级变质作用下，砂岩中的石英颗粒会发生熔合。纯石英岩是白色的，如果含有氧化铁则可能出现红色或粉红色斑痕，深色矿物还可能使其变为灰色。

其他变质岩

在中级到高级变质作用期间，已有矿物的重结晶通常会生成主要与变质岩有关的新矿物，比如石榴石。这种新生成的矿物通常被称为副矿物，它们往往会形成大晶体，周围被其他矿物的小晶体包围，比如白云母和黑云母。地质学家在命名含有一种或多种容易辨认的副矿物的变质岩时，会在适合的岩石名称前加上一个前缀。例如，图 2-38 中显示了一块云母片岩，其中有较大的深红色的石榴石晶体镶嵌在细粒云母基质中，因此这种岩石就被称为石榴石云母片岩。变质岩片麻岩也经常含有副矿物，比如石榴石和十字石，它们可能分别被称为石榴石片麻岩和十字石片麻岩。

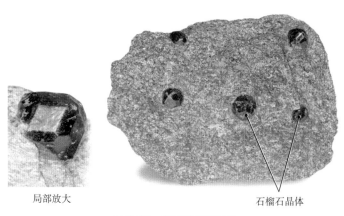

局部放大　　　　　　　　　　　　　　　石榴石晶体

图 2-38　石榴石云母片岩

深红色的石榴石晶体镶嵌在细粒云母的基质中。

要点回顾

— Foundations of Earth Science >>> ——————————

- 火成岩由熔融的岩石凝固形成。沉积岩是其他岩石风化的产物。变质岩是先存岩石在高温和高压下生成的产物。在适当的条件下，任何一种岩石都可以转变成其他类型的岩石。

- 鲍温反应系列描述了矿物从岩浆中结晶的顺序。每种矿物结晶时都会选择性地从熔体中"拿走"某些元素，这种机制叫作晶体沉降。

- 水是迄今为止最重要的化学风化介质。水中的氧气可以氧化一些物质，二氧化碳可溶解在水中形成碳酸。硅酸盐矿物经化学风化可形成含有钠、钙、钾和镁的可溶性物质、不溶性氧化铁以及黏土矿物。

- 沉积物向沉积岩的转化被称为成岩作用。成岩作用的两个主要过程分别是压实作用（将颗粒更紧密地压在一起以减少孔隙空间）和胶结作用（填充新的矿物质，像"胶水"一样将颗粒彼此粘连以减少孔隙空间）。

- 岩石在温度和压力均升高的条件下会发生改变，形成变质岩。每种变质岩都有母岩，即经历变质作用之前的岩石。母岩中的矿物受到高温高压时，就可以形成新的矿物。变质作用可根据强度分为低级、中级和高级。

Foundations

of Earth Science

03

板块构造如何重塑地貌?

妙趣横生的地球科学课堂

- 为什么不会游泳的恐龙也能越过海洋？

- 海底新发现如何推动板块理论的发展？

- 海洋的扩张速度是多少？

- 为什么地球的表面积始终不变？

- 太平洋板块为什么越来越小？

- 最古老的沉积物的年龄是多少？

- 板块运动的力量源泉是什么？

地球是太阳系中已知的唯一一颗有生命的星球，也是唯一一颗具有活动板块构造的星球。这种联系如此引人注目，以至于寻找地外生命的天文学家现在着重研究更大的岩石行星，它们最有可能具备板块构造，最有可能孕育生命。那么，为什么生命的诞生和板块构造会有如此紧密的联系呢？

板块构造，即大块的行星外壳发生滑动并相互作用，这种构造给我们带来了山脉、地震和火山爆发。它也提供了一种机制，使得二氧化碳这种重要的温室气体能够在行星的各个层间穿行，从行星的大气圈移动到内部层，再返回大气圈。这个循环就像一个恒温器，把温度控制在不过热也不过冷的范围内，从而使行星表面的液态水得以保存。数十亿年来，地球上正是因为存在液态水才变得生机勃勃。

具有板块构造的岩石地外行星可能会有很多吗？最近发表的一项研究表明，银河系中大约1/3的类地行星都有可能具有板块构造。这意味着有数十亿颗行星具有这些基本特征，使得它们成为可能存在生命的候选行星。

为了探究生命的起源，研究板块构造至关重要。阅读本章，你将全面学习这个揭示了大陆和海洋盆地等地球主要地表特征形成过程的理论，你将认识地震、火山和造山带的基本成因和分布，并了解火成岩和变质岩的形成，以及它们与岩石循环的关系。

Q1　为什么不会游泳的恐龙也能越过海洋？

　　科学家发现，相隔千里的大洋两岸存在相同的生物化石。一个典型例子是中龙，中龙是一种小型淡水爬行动物，其化石主要存在于南美洲东部和非洲西南部二叠纪（约 2.6 亿年前）的页岩中。南美洲和非洲现在相隔何止万里，中间是一片汪洋大海，中龙是如何跨越海洋，同时出现在这两个地方的呢？

　　德国气象学家、地球物理学家阿尔弗雷德·魏格纳（Alfred Wegener）断言，南美洲和非洲在中龙出现的时期肯定是连在一起的。魏格纳在1915年写成了《大陆和海洋的形成》（*The Origin of Continents and Oceans*），并提出了"大陆漂移假说"。这本书阐述了魏格纳的大陆漂移假说，大胆地挑战了长期以来大陆和洋盆具有固定地理位置的观点。

　　接下来，让我们一起追溯大陆漂移假说的发展，分析它最初不被学界所接受的原因，以及了解最终使后续理论——板块构造理论被人们所广泛接受的证据。

从大陆漂移到板块构造

　　直到 20 世纪 60 年代末，大多数地质学家仍认为洋盆和大陆的地理位置自古以来都是固定不变的。但实际上，大陆并不是静止的；相反，它们会在整个地球范围内逐渐迁移。这些运动使大陆板块相互碰撞，导致其间的地壳变形，从而形成地球上巨大的山脉，如喜马拉雅山脉（见图 3-1）。陆地板块偶尔会分裂，分裂的板块之间会出现一个新的洋盆。同时，海底的其他部分会陷入地幔。

　　科学思想上的这一深刻转变无疑具有革命性。这场革命始于 20 世纪初的一个假说，即大陆漂移假说。在接下来的 50 多年内，科学界断然否定了大陆能够运动的观点。北美的地质学家尤其不能接受大陆漂移假说，这也许是因为很多支持性证据都来自非洲、南美洲和澳大利亚，而北美地质学家多半可能对这些大陆并不熟悉。

图 3-1　喜马拉雅山脉

这一雄伟的山脉是由印度次大陆与欧亚板块撞击形成的。

资料来源：Daniel Prudek/123RF。

"第二次世界大战"以后，现代仪器取代了岩石锤，成为许多地球科学家的首选工具。包括地球物理学家和地球化学家在内，研究者们有了几项令人惊讶的发现，这些发现重新激起了人们对大陆漂移假说的兴趣。到了 1968 年，这些进展引出了一个更具包容性的解释理论，即板块构造理论。板块构造是指岩石圈板块的运动，这种运动改变了大陆，引发了火山活动、地震和造山运动。板块构造过程使地壳变形，形成山脉、大陆、海洋盆地等主要构造特征。

大陆漂移：一种超前观念

在 17 世纪，随着世界地图越来越完善可靠，人们注意到某些大陆可以像拼图一样拼合在一起，特别是南美洲和非洲大陆。然而，直到魏格纳写成《大陆和海洋的形成》一书时，人们才意识到这个发现的重要性。

魏格纳认为，曾经存在过一个由地球所有陆块共同组成的超大陆[①]。他将这片巨大的陆地命名为泛大陆（Pangaea，英文发音为 Pan-jee-ah，意思是"所有陆地"），如图 3-2 所示。他还进一步假设，大约在 2 亿年前，在中生代时期，这个超大陆开始分裂成较小的陆块，它们在随后的数百万年内"漂移"到目前所在的位置。

泛大陆，依据魏格纳书中内容重绘

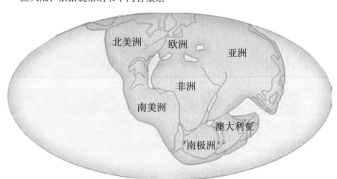

图 3-2　泛大陆的复原图

人们认为这个超大陆是在 2 亿多年前的古生代晚期和中生代早期形成的。

魏格纳等人收集了大量证据来支持大陆漂移假说。南美洲和非洲轮廓的契合，以及化石和古气候的地理分布，似乎都佐证了这种观点。

证据：大陆"拼图"

魏格纳和一些人注意到，大西洋两岸的海岸线之间存在着惊人的相似性，于是怀疑两岸的大陆可能曾经是连在一起的。然而，其他地球科学家对这一证据提出了质疑。这些反对者认为，海岸线会不断地被波浪的侵蚀和沉积过程所改

[①] 魏格纳并不是第一个想到消失已久的超大陆的人。在他之前，奥地利地质学家修斯（Eduard Suess）就曾试图通过一系列事实去证明超大陆的存在，并认为它应包括南美洲、非洲、印度和澳大利亚。

变（事实的确如此）。即使发生了大陆漂移，现在两岸的海岸线也不太可能吻合。因为魏格纳最初对大陆的拼合（见图 3-2）比较粗糙，所以想来他也应该意识到了这个问题。

科学家们后来确定，位于海平面以下几百米深处的大陆架向海一侧的边缘更加贴近大陆外边缘。20 世纪 60 年代

━○ 你知道吗? ○━

　　魏格纳因提出大陆漂移假说而闻名，但他也写过许多关于天气和气候的科学论文。出于对气象学的兴趣，魏格纳曾先后 4 次前往格陵兰冰盖，研究那里严酷的冬季天气。1930年 11 月，在为期一个月的穿越冰原的长途跋涉中，魏格纳与其同伴不幸遇难。

初，爱德华·布拉德爵士（Sir Edward Bullard）和他的两位同事绘制了一幅将南美洲和非洲大约 900 米深的大陆架边缘拼合在一起的地图（见图 3-3）。通过这些测量得到的拼合非常精确。

图 3-3　两块大陆拼图

沿着约 900 米深的大陆坡，南美洲与非洲两块大陆轮廓最为吻合。

证据：跨洋的化石匹配

魏格纳了解到，人们在南美洲和非洲的岩石中都发现了相同的生物化石。事实上，那个时代的大多数古生物学家（研究古生物化石的科学家）一致认为，需

要某种方式的陆地联系，才能解释为何在分离的大陆上会广泛存在相似的古生代生命形式。正如北美洲本土的现代物种与非洲和澳大利亚的现代物种截然不同，在古生代，相隔甚远的大陆上的生物应该也是如此。

中龙属动物和舌羊齿属植物。 魏格纳记录了在如今相距甚远的陆地上发现的几种生物化石（见图 3-4），并且这些生物不太可能跨越广阔海洋的屏障。

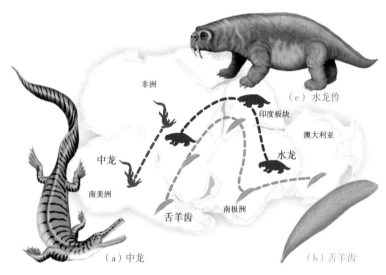

图 3-4　支持大陆漂移的化石证据

澳大利亚、非洲、南美洲、南极洲和印度大陆目前被海洋分隔，相距甚远，而在这些大陆上年龄相似的岩石中却存在相同的古生物化石。魏格纳通过将这些大陆复原到漂移前的位置来解释这些事件。

魏格纳还认为，舌羊齿化石的分布也可作为泛大陆存在的证据。舌羊齿是种子蕨舌羊齿目最重要的代表属。这种植物有着舌头形状的叶子，它的种子因为太大而无法被风吹走，但它们广泛分布在非洲、澳大利亚、印度和南美洲。后来，人们在南极洲也发现了舌羊齿化石[1]。魏格纳还了解到，种子蕨类植物和相关的

---

[1] 1912 年，罗伯特·斯科特（Robert Scott）船长率领的探险队试图首先抵达南极点，但失败了。他们冻死在归途，死前依偎在一堆 16 千克的"岩石"旁，这些其实是采集自比尔德莫尔冰川的标本，其中就含有舌羊齿化石。

植物群只生长在气候凉爽的地方，比如加拿大中部。因此他得出结论，在这些大陆还未分裂时，它们所处的位置离南极更近。

大陆漂移的反对者如何解释相隔数千千米的大洋两岸存在着相同的生物化石呢？关于这种生物迁移，科学家给出的最普遍的解释包括漂流、地峡连接（跨洋陆桥）和岛屿跳板（见图 3-5）。例如，我们知道，在大约 8 000 年前结束的冰期，随着海平面逐渐下降，包括人类在内的哺乳动物才得以穿越分隔现今俄罗斯和阿拉斯加半岛的狭窄的白令海峡。那么，有没有可能，非洲和南美洲也曾由陆桥连接，但后来陆桥被海洋吞没了呢？不过，现代的海底地图显示，沉没的陆桥并不存在，这证实了魏格纳的论点。

图 3-5 陆地动物跨越广阔海洋的方式

这些插图描绘了现在被大洋分隔的大陆上存在相似物种的各种可能原因。

资料来源：John C. Holden。

证据：岩石类型和地质特征

任何玩过拼图游戏的人都知道，除了要将拼图块严丝合缝地拼合起来外，还需确保完成的拼图具有视觉连续性。说到大陆漂移，假设在中生代，现在大西洋两岸的大陆是由一整块大陆分裂而成的，如果现在要把这些大陆的岩石拼合起来的话，整幅图景就应该像魏格纳设想的那样，具有明显的视觉连续性。

事实上，魏格纳的确在大西洋两岸发现了这种"匹配"。比如，南美洲东部高度变形的火成岩就与非洲相同年龄的岩石非常相似。此外，包括阿巴拉契亚山脉在内的造山带呈东北走向，穿过美国东部，在纽芬兰海岸消失（见图 3-6a）。

人们在不列颠群岛和斯堪的纳维亚半岛发现了年龄和构造与之相似的山脉。当把这些大陆按魏格纳的想法拼合时（见图 3-6b），这些山脉就形成了一条近乎连续的造山带。

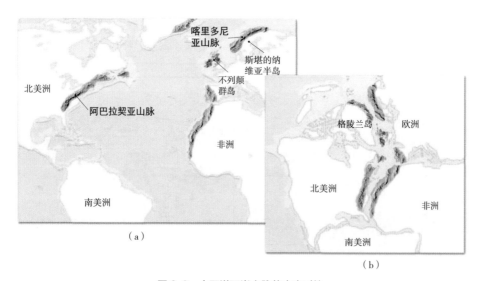

图 3-6　大西洋两岸山脉的古今对比

图（a），围绕大西洋的大陆现在的位置。图（b），这些大陆在约 2 亿年前的轮廓。

证据：古气候

由于魏格纳是研究世界气候的学者，因此他认为古气候数据也许能支持移动大陆的观点。在非洲南部、南美洲、澳大利亚和印度发现的证据表明，的确存在一个可追溯至古生代晚期的冰期，而这正好印证了他的猜想。这意味着，大约在3亿年前，巨大的冰盖覆盖了南半球和印度大部分地区（见图3-7a）。如今，这些含有古生代冰期证据的大部分陆地都位于赤道南纬30度和北纬30度之内，属于亚热带或热带气候。

图 3-7　大陆漂移的古气候证据

图（a），大陆现在的位置表明，在大约3亿年前，冰盖覆盖了南半球和印度的广大地区。箭头表示冰川运动的方向，这可以根据在基岩中发现的冰川擦痕和凹槽的模式推断出来。图（b），将大陆恢复到它们漂移前的位置，就形成了以南极为中心的单一冰川，而日后形成煤矿层的沼泽地带则靠近赤道地区。

赤道附近怎么会形成如此大规模的冰盖？一种解释认为，地球经历了一段极端降温时期。魏格纳否定了这个解释，因为在同一地质年代，北半球的多个地方存在着大量的热带沼泽。这些沼泽中茂盛的植被最终被掩埋并转化成煤（见

图 3-7b）。现在，这些区域都是美国东部和欧洲北部主要煤田所在地。在这些含煤岩石中发现了大量具有巨大复叶的树蕨化石，而蕨类植物一般生长在温暖潮湿的气候中 [1]。

魏格纳认为，这些大型热带沼泽的存在，恰好证明全球极端降温导致目前的热带地区曾存在冰川的说法并不准确。

他对古生代晚期的冰期提出了一个更为合理的解释：在泛大陆这个超大陆中，南部大陆是连在一起的，位于南极附近（见图 3-7b）。这就解释了这些大陆上广泛分布着大面积冰川所需的极地条件。与此同时，这种地理位置使得如今的北部大陆更靠近赤道，从而也解释了那里为什么能够形成能产生大量煤炭的热带沼泽。

大论战

从魏格纳的书出版，一直到他去世，他的大陆漂移假说受到了大量充满敌意的批评。反对方提出的一大主要理由是，魏格纳无法为大陆漂移假说找到一个令人信服的机制。魏格纳曾经提出，月球和太阳的引力不仅能引发地球的潮汐，也可以使大陆在地球上逐渐移动。但著名物理学家哈罗德·杰弗里斯（Harold Jeffreys）经过论证后证实，如果潮汐力强大到足以移动地球的大陆的程度，那它也会导致地球的自转停止，这种情况显然没有发生。

另外，魏格纳还错误地认为，更大、更坚固的大陆冲破了更薄的洋壳，就像破冰船破冰一样。但同样也没有任何证据表明，海底会脆弱到可以让大陆在不发生明显变形的情况下将洋底冲破的地步。

1930 年，魏格纳第四次也是最后一次前往格陵兰冰盖（见图 3-8）。虽然这

---

[1] 要注意的是，煤可以在各种气候条件下形成，只要有大量植物体被掩埋即可。

次探险的主要目的是考察这个巨大的冰盖及其气候，但他还在继续检验大陆漂移假说。在从位于格陵兰岛中部的艾斯米特实验站返回的途中，魏格纳与其格陵兰岛的同伴都不幸遇难。然而，他有趣的想法并没有随之消失，自有后人来继承。

图 3-8 魏格纳在某次格陵兰岛探险期间

魏格纳在某次格陵兰岛探险期间等待 1912—1913 年北极冬季的结束，他在这次探险中横跨了格陵兰岛最宽的部分，行程约 1 200 千米。资料来源：Pictorial Press Ltd/Alamy Stock Photo。

为什么魏格纳不能推翻他那个时代建立的科学观点呢？最主要的原因是，虽然大陆漂移假说的主旨是正确的，但在一些细节上存在谬误。比如，大陆并不会冲破洋底，潮汐能量太弱，无法推动大陆。任何综合性科学假说要想获得普遍认同，就必须经受各个科学领域的严格检验。尽管魏格纳对我们了解地球做出了巨大贡献，但并不是所有的证据都支持他提出的大陆漂移假说。因此，大部分科学家，尤其是北美地区的科学家，都对这一假说持否定或强烈的怀疑态度。然而对于魏格纳所收集到的证据，有一些科学家觉察出了其中蕴含的巨大价值，他们尝试继续按照这一思路探索下去。

> **你知道吗？**
>
> 一群科学家提出了一种有趣但不正确的观点来解释大陆漂移现象。他们认为，在地球早期，这颗星球的直径只有现在的一半左右，并且完全被陆壳覆盖。随着时间的推移，地球不断膨胀，导致大陆分裂成现在的形状，而新的海底"填补"了地壳分裂时形成的空间。

Q2　海底新发现如何推动板块理论的发展？

"第二次世界大战"后，海洋学家配备了新型海洋仪器，获得了充足的资金，开启了一段前所未有的海洋探索期。在接下来的 20 年里，人们对广阔的海底情况有了更好的了解，并且发现了一个蜿蜒穿过所有主要海洋的全球洋脊系统。

在西太平洋进行的研究表明，地震发生在深海海沟下方深处。同样重要的是，在对洋底进行采样时，从未发现年龄超过 1.8 亿年的洋壳。此外，人们还发现，洋盆的沉积物很薄，厚度并非之前预测的数千米。到了 1968 年，受这些发现的影响，一种远比大陆漂移假说更全面的理论开始逐渐发展起来，这就是板块构造理论。

刚性岩石圈覆盖在较软的软流圈上

根据板块构造模型，地壳和地幔最顶部（地幔中温度最低的部分）构成了地球坚硬的外层，即岩石圈。大陆岩石圈与海洋岩石圈在厚度和密度上都存在差异（见图 3-9）。洋盆中的海洋岩石圈厚度约为 100 千米，但在洋脊系统顶部，岩石圈则要薄得多，我们稍后再来探讨这一问题。相比之下，大陆岩石圈平均厚度约为 150 千米，在稳定的大陆内部，厚度却可能达到 200 千米或更多。此外，洋壳和陆壳的密度也不一样。洋壳主要由玄武岩组成，玄武岩富含致密的铁和镁，而陆壳主要由密度相较更低的花岗岩构成。由于这种差异，海洋岩石圈的总体密度要比大陆岩石圈的总体密度大。本章稍后再来详细介绍这一重要差异。

软流圈是地幔中一个相对更热且更软的区域，位于岩石圈的正下方（见图 3-9）。在软流圈上部，100 ~ 200 千米深处，较高的温度和压力使岩石非常接近熔融态。虽然岩石仍保持固态，但是在外力作用下会发生流动，就像黏土在受到缓慢压缩时会变形一样。相比之下，较冷且坚硬的岩石圈在受到外力作用时，倾向于发生弯曲或断裂而不是流动。由于这些差异,地球坚硬的外层实际上是与软流圈分离的,因此这些外层可以独立移动。

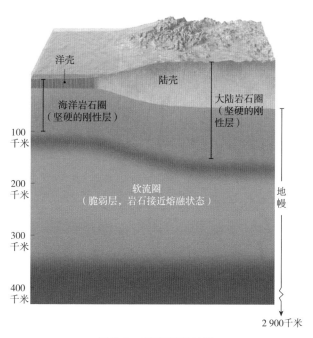

图 3-9 岩石圈和软流圈

地球的主要板块

地球上的岩石圈被分成很多大小和形状不规则的部分,它们被称为岩石圈板块,或者简称板块(见图 3-10),这些板块彼此之间不断运动。已知有七大主要岩石圈板块,它们的面积占地球表面积的 94%,分别是:北美洲板块、南美洲板块、太平洋板块、非洲板块、欧亚板块、印澳板块和南极洲板块。其中面积最大的是太平洋板块,它包含了太平洋洋壳的很大一部分。其他六大板块中,每个都包含着一块完整的大陆和大面积的洋壳。需要注意的是,在图 3-10 中,南美洲板块涵盖了南美洲几乎所有地区以及南大西洋洋底的一半左右。值得注意的还有,任何一个板块都不是完全由一块大陆的边缘来确定的。这与魏格纳的大陆漂移假说有很大不同,他认为大陆是穿过洋底移动,而不是随着洋底移动的。

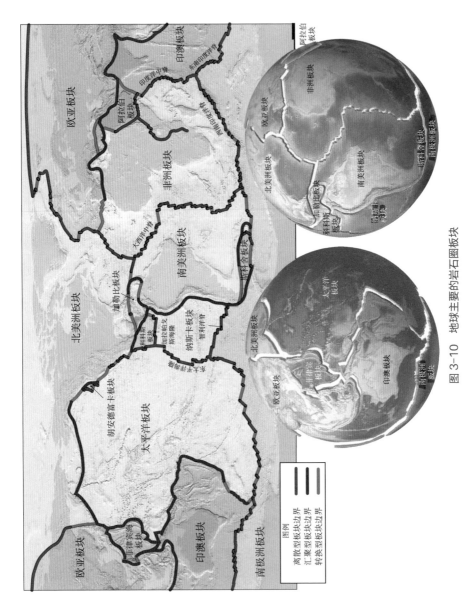

图 3-10　地球主要的岩石圈板块

上图，平面地图中的离散型板块边界、汇聚型板块边界和转换型板块边界。下图，东西半球图上显示的部分地球板块。

中等大小的板块包括：加勒比板块、纳斯卡板块、菲律宾海板块、阿拉伯板块、科科斯板块、斯科舍板块和胡安德富卡板块。除阿拉伯板块外，其余板块主要由海洋岩石圈组成。此外，还有许多较小的板块，即微板块，但未在图 3-10 中标出。

板块运动

板块构造理论的主要思想之一是：当板块运动时，不同板块上的两个位置，比如纽约市和伦敦市，它们之间的距离会逐渐变化；而同一板块上的两个位置，比如纽约市和丹佛市，它们之间的距离保持相对稳定。然而，一些板块的某些部分相对较"软"。比如，随着印度次大陆撞进"亚洲"，中国南部确实受到了挤压。

由于板块彼此间不断运动，大多数主要相互作用都是沿着它们的边界发生的，因此大多数变形也发生在边界处。事实上，板块边界最初是通过标绘地震和火山的位置来确定的。根据板块所表现出的不同运动类型，我们将板块边界分为以下三种类型：

> **你知道吗？**
>
> 另外一颗行星上的观测者会发现，仅仅在数百万年间，地球上的大陆和洋盆就一直处于运动中，而月球的地质构造则是静止的，即使数百万年后，看起来也几乎没有变化。

- 离散型板块边界。两个板块相互分离，导致地幔中的高温物质上涌，部分熔融，形成新的海底（见图 3-11）。
- 汇聚型板块边界。两个板块向彼此移动，导致海洋岩石圈下沉到上覆板块之下，最终被地幔重新吸收，或可能在两个大陆板块的碰撞过程中形成一个造山带（见图 3-15）。
- 转换型板块边界。两个板块相互摩擦但不会产生或破坏岩石圈（见图 3-20）。

在所有类型的板块边界中，离散型板块边界和汇聚型板块边界分别约占 40%，转换型板块边界则占了剩余的约 20%。

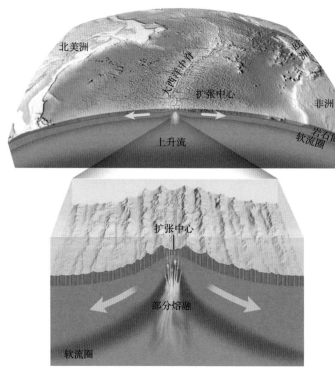

北美洲

大西洋中脊

扩张中心

非洲

岩石圈

软流圈

上升流

扩张中心

部分熔融

软流圈

图 3-11　海底扩张

大多数离散型板块边界都沿洋脊的峰分布，这些位置正是海底扩张之处。

Q3　海洋的扩张速度是多少？

沿着洋脊系统产生新海底的机制被称为海底扩张。海底以平均每年5厘米左右的典型扩散速度向两边扩张，与人类指甲的生长速度大致相同。大西洋中脊以每年2厘米的相对缓慢的速度扩张，而东太平洋海隆每年的扩张速度则超过了15厘米。尽管这些海底扩张速度根据人类的时间尺度来看是缓慢的，但在过去2亿年内，它足以产生现在地球上所有的海洋岩石圈。

那么，海底扩张是从什么部位开始的呢？答案是沿着洋脊扩张。

大多数离散型板块边界都沿着洋脊的峰部分布，可以被视作建设型板块边缘，因为这是新洋底形成的地方（见图 3-11）。洋脊是海底隆起的区域，以高热流和火山活动为特征。全球洋脊系统是地表最长的地貌，其长度超过 70 000 千米。全球洋脊系统的各个部分都已被命名，包括大西洋中脊、东太平洋海隆和印度洋中脊（见图 3-10）。

洋脊系统占地球表面积的 20%，就像棒球上的接缝一样，蜿蜒穿过所有主要洋盆。虽然洋脊的脊顶通常比邻近的洋盆高 2～3 千米，但"脊"这个字可能会引起误解，因为人们可能会觉得这意味着"狭窄"，而实际上，洋脊的宽度从 1 000 千米到 4 000 千米不等。此外，沿着一些洋脊的峰会出现深峡谷状结构，被称为裂谷（见图 3-12）。这种结构证明了拉扯的张力会沿洋脊的峰使洋壳分裂。

图 3-12　冰岛的裂谷

冰岛的辛格韦德利国家公园位于一个宽约 30 千米的大陆裂谷的西侧边缘。该裂谷与沿大西洋中脊的峰延伸的类似地貌相连。下方大图左半部的悬崖靠近北美洲板块东侧边缘。

资料来源：Arctic Images/Alamy Stock Photo。

海底扩张发生在两个相邻板块彼此远离的地方，在洋壳中产生狭长的裂缝。

裂缝下方产生的上升流会导致软流圈中一小部分上升的高温地幔岩石开始熔融。这一过程产生的岩浆会逐渐上升，并沿着位于两个分离板块边缘的脊轴，形成 7 千米厚的洋壳。因此，相邻板块就会缓慢且持续地分开，新的洋壳由此在板块间形成。所以，离散型板块边界也被称为扩张中心。

海洋岩石圈如何随着年龄的增长而变化

在新形成的洋壳之下，岩石圈地幔相当薄，因为上升流区域的温度异常高。高温导致软流圈岩石密度较低，而正是这些岩石支撑着上方的高耸洋脊，这些洋脊可能比邻近的洋盆高出 2.5 千米。

一旦洋壳形成，它就会缓慢且持续地离开温度异常高的地幔上升流区域，向两侧运动。新形成的洋壳与相对较冷的海水接触后会迅速冷却，其厚度能保持在 7 千米左右。同时，下面的软流圈通过向上方地壳辐射热量的方式，以较慢的速度冷却。冷却使软流圈上部变得越来越坚硬，最终成为海洋岩石圈的一部分。换句话说，温暖、脆弱的软流圈会随着逐渐远离上升流区域而冷却下来，产生温度更低、更坚硬的岩石圈岩石。随着岩石圈变厚，它会因冷却而收缩，其密度也会增加。

海洋岩石圈的温度需要 8 000 万年左右的时间才能稳定下来。稳定后，海洋岩石圈的最大厚度将达到约 100 千米。因此，在一定程度上，海洋岩石圈的厚度与其年龄有关，年龄越大（温度越低），厚度越大。

海洋岩石圈的收缩和密度的增加是越远离洋脊的脊顶，海洋深度越大的原因。因此，曾经是高耸的洋脊系统一部分的岩石最后将被移动到洋盆中，大约位于海平面以下 5 千米处。对新形成的海洋岩石圈海拔变化的一种理解是，当板块位于洋脊的脊顶时，其年龄小，温度高，海拔高，随着时间的推移与冷却过程的进行，它们会逐渐变老、变冷，海拔变低。

大陆裂谷

离散型板块边界还可以在一块大陆内形成，并可能导致陆地分裂成两个或多个更小的部分，这些小块陆地则由洋盆分隔开来。当板块运动产生的张力使岩石圈开裂时，大陆裂谷的形成过程就开启了。这种拉伸又会导致地幔上涌和上覆岩石圈大面积隆起（见图3-13a）。

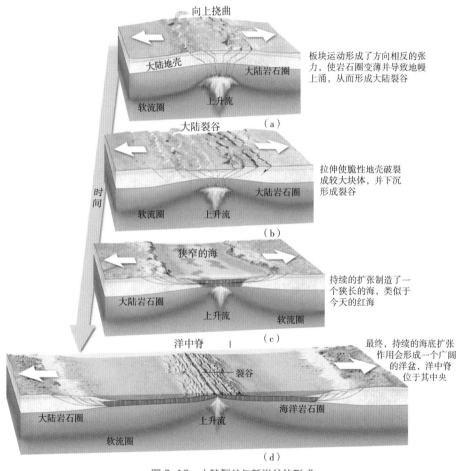

图 3-13　大陆裂谷与新洋盆的形成

这一过程会使岩石圈变薄，脆性的地壳岩石于是破碎成较大的块体。随着构造力继续拉伸地壳，破碎的地壳碎片下沉，从而产生出一种被称为大陆裂谷的狭长凹陷。裂谷可以变宽，形成一种狭窄的海洋（见图 3-13b 和图 3-13c），并最终形成一个新的洋盆（见图 3-13d）。

东非裂谷就是一个活跃的大陆裂谷（见图 3-14），科学家一直在研究它最终是否会导致非洲大陆分裂。不过，东非裂谷是研究大陆分裂初期情况的一个绝佳模型。在这里，张力拉伸岩石圈，使其厚度变薄，熔岩由此从地幔中上涌。几座大型火山可以证明这种上升流的存在，它们中有非洲最高的两座山峰：乞力马扎罗山和肯尼亚山。研究表明，如果大陆裂谷作用继续存在，裂谷将延长并加深（见图 3-13c）。在某个时候，裂谷将变成一个通向海洋的出口，从而变成狭窄的海洋。红海就是在阿拉伯半岛与非洲分离时形成的，它向我们展示了大西洋在发展初期可能具有的面貌（见图 3-13d）。

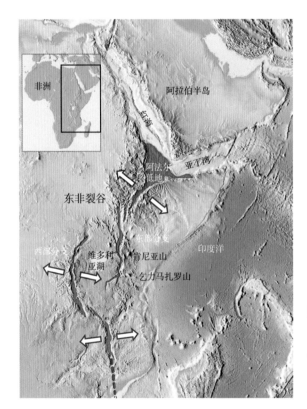

图 3-14　东非裂谷

东非裂谷展现了一块大陆在早期分裂阶段的地貌。红色区域由已经拉伸变薄的岩石圈组成，岩浆可以从地幔中上涌。

Q4　为什么地球的表面积始终不变？

　　我们的地球并没有变大，它的总表面积始终保持不变。地球的总面积之所以能保持这种平衡，是因为海洋岩石圈中较老的、密度较大的那一部分会下沉到地幔中去，并且下沉速度与海底生成的速度相等。这种活动沿着汇聚型板块边界发生，即两个板块相向移动，其中一个板块的前端向下弯曲滑动到另一个板块的下方。

　　洋脊处不断生成新的岩石圈。岩石圈下沉（俯冲）到地幔的位置，就形成了汇聚型板块边界，也被称为俯冲带。当板块的密度大于下方软流圈的密度时，就会发生岩石圈板块俯冲（下沉）。一般来说，古老的海洋岩石圈主要由富含镁铁的致密矿物组成，其密度比下方软流圈高 2% 左右，因此会像船锚入水一样下沉。相比之下，大陆岩石圈密度比海洋岩石圈和下方软流圈的密度都小，因此不易形成俯冲。不过，有人认为，有几个地方的大陆岩石圈因外力作用而被插在了上覆板块之下，但深度相对较浅。

　　地质学家一致认为，密度较大的岩石圈板块会俯冲进下面的软流圈。但是，在俯冲开始之前，地球坚固的刚性外壳必须发生破裂。但究竟是什么因素导致岩石圈破裂，这仍然是研究人员激烈争论的问题。

　　深海海沟是漫长的线性海底凹陷，通常离大陆或火山岛链（如阿留申群岛）几百千米远（见图 3-17）。海洋岩石圈沿着俯冲带下沉进入地幔时会发生弯曲，在弯曲的地方就形成了这些水下地貌（见图 3-15a）。位于南美洲西海岸的秘鲁－智利海沟就是一个例子。它的长度约为 5 900 千米，其底部位于海平面以下 8 千米处。海洋岩石圈板片俯冲进地幔的俯冲角范围很大，有的只有几度，有的却几乎达到 90 度。海洋岩石圈的俯冲角在很大程度上取决于它的年龄，因此也取决于它的密度。

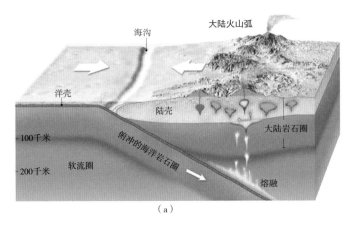

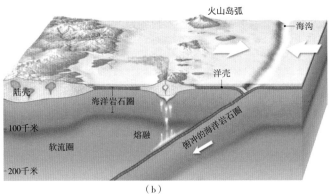

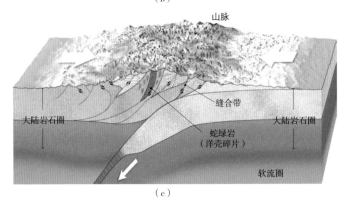

图 3-15　三种汇聚型板块边界

图（a），海洋岩石圈俯冲到大陆岩石圈下方的汇聚型板块边界。图（b），两个海洋岩石圈板片汇聚时产生的汇聚型板块边界。图（c），当两个板块上方都是陆壳时，沿着汇聚型板块边界发生的大陆碰撞。

例如，当海底扩张发生在俯冲带附近时，情况类似于智利海岸，俯冲岩石圈较为年轻，浮力较大，所以俯冲角度较小。当两个板块汇聚在一起时，上覆板块会在下方俯冲板块的顶部摩擦——这是一种被动俯冲。因此，秘鲁-智利海沟周围地区都发生过大地震，尤其是 2010 年的智利地震，是有史以来的十大地震之一。

随着海洋岩石圈年龄的增长（离扩张中心越来越远），它会逐渐冷却，从而变厚，密度增加。在西太平洋的部分地区，一些海洋岩石圈有着 1.8 亿年的历史，是当今最厚、密度最大的海洋岩石圈。在这些地区，有些密度很大的板片通常以接近 90 度的角度插入地幔。这在很大程度上解释了为什么西太平洋海沟（包括马里亚纳海沟和汤加海沟）会比东太平洋海沟深。

尽管所有汇聚区都具有相同的基本特征，但根据涉及的地壳物质类型和构造环境，不同区域间可能有很大的差异。在一个海洋板块与一个大陆板块、两个海洋板块或是两个大陆板块，都可以形成汇聚型板块边界。

洋-陆汇聚

当以陆壳为顶的板块前缘与海洋岩石圈板片汇聚时，上浮的大陆板块保持"漂浮"状态，而密度较大的海洋板片沉入地幔。这一过程会导致俯冲板块正上方的地幔楔岩石发生熔融。一块较冷的海洋岩石圈的俯冲是如何导致地幔岩石发生熔融的呢？

洋壳含有大量的水，它们会被俯冲板片带到很深的地方。当板片向下俯冲时，高温和高压会使水从俯冲板片的水合矿物中排出。在大约 100 千米的深度处，地幔楔的温度足够高，俯冲板片中的水分就会导致这些岩石发生一定程度的熔融（见图 3-16a）。俯冲板块释放的水发挥的作用，就像盐在融化冰时发挥的作用一样。也就是说，在高压环境下，"湿"岩石的熔化温度要比相同成分的"干"岩石低得多。

这一过程被称为部分熔融，会产生一些岩浆，其中混杂着未熔融的地幔岩石。由于密度低于周围的地幔，这种炽热的流动性物质会逐渐向地表上升。根据环境的不同，这些来自地幔的熔融岩体可能会经地壳上升到地表，并引发火山喷发。然而，这些物质大部分无法到达地表，而是在地下深处凝固，正是这一过程使地壳增厚。

纳斯卡板块俯冲到南美洲大陆下方，由此产生的岩浆上升后便形成了高耸的安第斯山脉中的火山（见图 3-10）。像安第斯山脉这样的山脉系统，其形成与海洋岩石圈俯冲导致的火山活动有一定的关系，这种山脉系统被称为大陆火山弧。延绵经过华盛顿州、俄勒冈州和加利福尼亚州的喀斯喀特山脉就是由几个著名火山组成的山脉系统，包括雷尼尔火山、圣海伦斯火山和胡德山（见图3-16b）。这一活跃的火山弧还延伸到加拿大，包括加里波第山、米格山等。

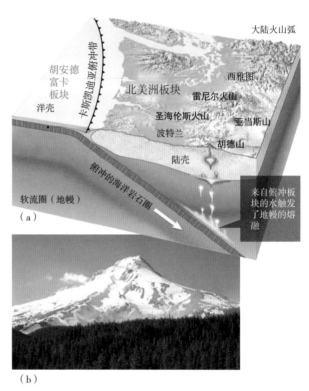

图 3-16   洋 - 陆汇聚型板块边界示例

图（a），喀斯喀特山脉是由胡安德富卡板块俯冲到北美洲板块之下而形成的大陆火山弧。图（b），俄勒冈州的胡德山是喀斯喀特山脉中十几座大型的复合火山之一。

资料来源：Kristin Piljay。

洋-洋汇聚

洋-洋汇聚型板块边界具有许多与洋-陆汇聚型板块边界相同的特征（见图 3-15a 和图 3-15b）。在两个海洋板片汇聚的地方，一个板块俯冲到另一个板块下方，在所有俯冲带中起作用的机制也一样在这里引发火山活动（见图 3-10）。从海洋岩石圈俯冲板块释放出来的水触发了上方高温地幔楔的熔融。在这种情况下，火山是从海底而不是在大陆上生长起来的。持续的俯冲最终将制造一系列大到足以形成岛屿的火山结构。由弧形火山岛链组成的新陆地被称为火山岛弧（见图 3-17）。

图 3-17 阿拉斯加州阿留申群岛中的火山

阿留申群岛是由太平洋板块俯冲到北美洲板块之下形成的火山岛弧。如图所示，阿留申群岛中的火山一直延伸到阿拉斯加州。

资料来源：USGS。

　　火山岛弧通常距离深海海沟 120 ～ 360 千米。阿留申群岛、马里亚纳群岛和汤加群岛都是相对年轻的火山岛弧，它们都位于相应的同名海沟附近。

　　大多数火山岛弧位于西太平洋，只有两个位于大西洋，分别是加勒比海东部边缘的小安的列斯群岛和南美洲南端的桑威奇群岛。小安的列斯群岛是大西洋海底俯冲到加勒比板块下方的产物。位于这一火山岛弧内的有英属维尔京群岛、美属维尔京群岛，以及马提尼克岛。马提尼克岛上的培雷火山在 1902 年爆发，摧毁了岛上的圣皮埃尔城，造成了约 28 000 人死亡。这些岛链还包括蒙特塞拉特岛，那里最近的一次火山活动发生在 2010 年。

　　火山岛弧通常是由许多火山锥组成的简单结构，下方的洋壳厚度通常小于20 千米。然而，有些火山岛弧可能更为复杂，下面是高度变形的地壳，厚度能达到 35 千米，例如日本、印度尼西亚和阿拉斯加半岛。这些火山岛弧在早期俯冲形成的物质基础上，或是从大陆分离出的陆壳小碎片上发育而成。

陆-陆汇聚

　　第三种类型的汇聚型板块边界是由于两个陆块中间的海底俯冲，带动一个陆块碰撞另一个陆块的边缘时产生的（见图 3-18a）。海洋岩石圈的密度往往很大，很容易沉入地幔，而大陆物质的浮力通常会抑制它们俯冲，至少不会任由其俯冲到很深的地方。因此接下来，两个汇聚的大陆碎片之间会发生碰撞（见图 3-18b）。

　　这一过程使大陆边缘堆积的沉积物和沉积岩发生褶皱和变形，就好像被放在一个巨大的钳子里，最终会形成一个由变形的沉积岩和变质岩组成的新造山带，并且这些岩石通常含有海洋岩石圈的碎片。

　　大约 5 000 万年前，印度次大陆开始撞击"亚洲"，产生了地球上最雄伟的喜马拉雅山脉（见图 3-18c）。在这次碰撞中，陆壳发生了弯曲和断裂，通常会在水平方向压缩,垂直方向增厚。除了喜马拉雅山脉,其他几个主要的山脉系统,包括阿尔卑斯山脉、阿巴拉契亚山脉和乌拉尔山脉,都是大陆碎片碰撞形成的。

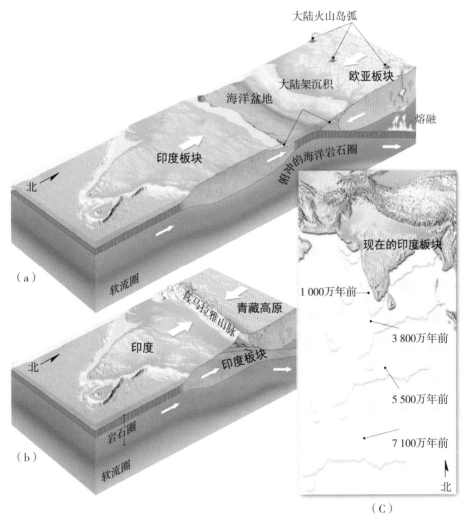

图 3-18　印度板块和欧亚板块的碰撞形成了喜马拉雅山脉

正在进行的印度板块与欧亚板块的碰撞开始于 5 000 万年前,形成了雄伟的喜马拉雅山脉。尽管图 c 只显示了印度板块的运动,但应注意的是,当这些大陆板块相撞时,印度板块和欧亚板块都发生了运动。

Q5　太平洋板块为什么越来越小?

尽管地球总的表面积没有变化，但各个板块的大小和形状却在不断变化。科学家们观察发现，非洲板块和南极板块越来越大，而太平洋板块则越来越小。非洲板块和南极板块的边界主要是离散型板块边界——形成于海底之处。随着新岩石圈的加入，它们的规模在不断扩大。相比之下，太平洋板块正在变得越来越小，这是因为其外围边缘俯冲进地幔的速度比东太平洋隆起形成的速度更快。

所以，要想了解板块未来的大小走势，首先要了解板块边界的不同类型和运动方式。

转换型板块边界

沿着转换型板块边界（也称转换断层），板块彼此间水平滑动，而不会发生岩石圈的生成或消亡。加拿大地质学家约翰·图佐·威尔逊（John Tuzo Wilson）于 1965 年发现了转换断层的性质，他提出这些大断层应该连接着两个扩张中心（离散型板块边界），或两个海沟（汇聚型板块边界），但连着两个海沟的情况不太常见。大多数转换断层出现在洋底，在那里它们使原本连成线的洋脊系统发生错位，产生了锯齿状板块边缘（见图 3-19a）。需要注意的是，在图 3-10 中，大西洋中脊的锯齿状大致反映了导致泛大陆解体的原始裂谷的形状。关于这一点，我们可以通过比较大西洋两岸大陆边缘和大西洋中脊的形状来体会。

通常，转换断层是断层带的一部分。断层带是海底重要的线状断裂，包括活动转换断层及其向板块内部延伸的非活动部分（见图 3-19b）。在断层带中，活动转换断层仅位于两个错开的洋脊段之间；这种断层通常会引发较弱的浅层地震。在断层的两侧，海底都向远离相应洋脊的方向扩张。因此，在洋脊段之间，这些相邻的洋壳板块沿着转换断层相互摩擦。在洋脊的脊顶以外的地方，这些断层是不活动的,因为两边的岩石都向同一个方向移动。然而,这些不活动的断层作为线状凹陷地形被保留下来,这是转换断层过去活动的证据。这些断层带的走向大致与它们形成时板块运动的方向平行。因此,在绘制地质历史时期板块运动方向图时,这些构造是很有用的。

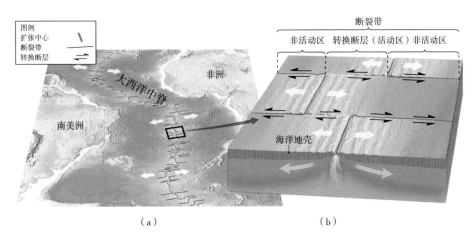

（a）　　　　　　　　　　　　　　　　（b）

图 3-19　转换型板块边界

大部分转换断层会使扩张中心错位,产生锯齿状板块边缘。图(a),大西洋中脊呈锯齿状,大致反映了导致泛大陆解体的原始裂谷的形状。图(b),断层带是海底狭长的疤痕状地形特征,大致垂直于有相对偏移的洋脊段。它们包括活动转换断层及其留下的痕迹。

转换断层还可以使得在脊顶上形成的洋壳被运送到一个消亡地点——深海海沟。图 3-20 演示了这个场景。需要注意的是,胡安德富卡板块向东南方向移动,最终俯冲到美国和加拿大西海岸之下。该板块的南端以门多西诺断层为界。这个转换型板块边界将胡安德富卡洋脊与卡斯凯迪亚俯冲带连在一起。因此,该断层有助于把胡安德富卡洋脊制造的地壳物质移动到目的地北美大陆下方。

> **你知道吗?**
>
> 新西兰的阿尔派恩断层是穿越南岛的转换断层,也是两个板块的分界线。南岛的西北部位于澳大利亚板块,而该岛的其余部分位于太平洋板块。与它的姊妹断层加利福尼亚州的圣安德烈亚斯断层一样,阿尔派恩断层位移也达数百千米。

与门多西诺断层一样，大多数转换断层边界都位于洋盆内，然而也有少数断层切过陆壳。有两个断层位于陆壳上，这就是加利福尼亚州的圣安德烈亚斯断层和新西兰的阿尔卑斯断层。

需要注意的是，在图 3-20 中，圣安德烈亚斯断层将位于加利福尼亚湾的扩张中心与卡斯凯迪亚俯冲带和门多西诺断层连接起来。太平洋板块沿着圣安德烈亚斯断层朝西北方向移动，穿过北美洲板块（见图 3-21）。如果这一运动持续下去，加利福尼亚半岛西部的断层带，包括墨西哥的下加利福尼亚半岛，将成为远离美国和加拿大西海岸的一个岛屿。然而，一个更迫切的问题是沿着这个断层系统的运动所引发的各种地震活动。

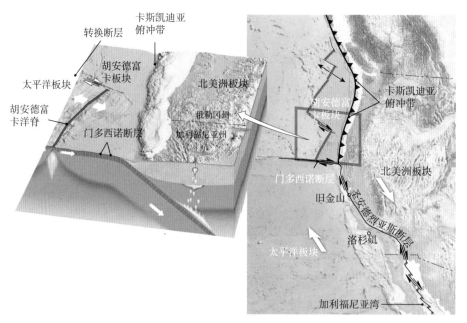

图 3-20　转换断层促进板块运动

沿着胡安德富卡洋脊形成的海底朝向东南方向移动，经过了太平洋板块，最终俯冲到北美洲板块之下。因此，该转换断层将扩张中心（离散型板块边界）与俯冲带（汇聚型板块边界）连接在一起。图中所示的是圣安德烈亚斯断层，它将位于加利福尼亚湾的扩张中心和门多西诺断层连接在一起。

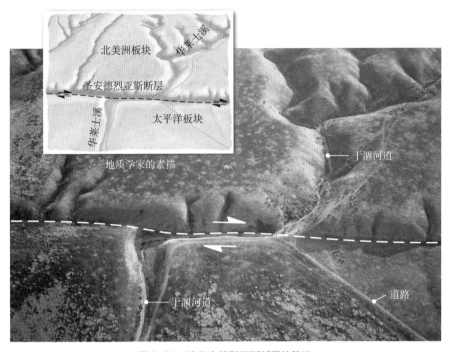

图 3-21 沿圣安德烈亚斯断层的移动

这张鸟瞰图显示了加利福尼亚州塔夫脱附近的华莱士溪干涸河道的移动。

资料来源：Michael Collier。

板块运动不仅会导致地震，还会导致另外一种结果，那就是边界迁移。例如，纳斯卡板块俯冲到南美洲板块下方时向下弯曲产生了秘鲁－智利海沟，随着时间的推移，海沟的位置已经发生了变化（见图 3-10）。由于南美洲板块相对于纳斯卡板块向西漂移，秘鲁－智利海沟的位置也向西迁移。

根据作用在岩石圈上的力的变化，板块边界可以形成或消亡。例如，一些携带着陆壳的板块现在正朝着其他板块移动。在南太平洋，澳大利亚正在向北移动。如果这种情况继续下去，将澳大利亚和亚洲南部分隔开的边界最终将消失，这些板块将成为一个整体。有的板块则发生相背的移动。回想一下，红海是一个相对较新的扩张中心所在地，它在不到 2 000 万年前出现，当时阿拉伯半岛刚刚开始与非洲分离。

泛大陆的解体

泛大陆的解体是板块边界随地质年代变化的典型例子。地质学家借助魏格纳那个时代没有的现代工具,为我们重现了这一超大陆的解体过程。这个事件始于大约 1.8 亿年前。这项工作很好地确定了各个地壳碎片彼此分离的时间,以及它们之间的相对运动。

泛大陆解体的一个重要结果是建立了一块新的洋盆:大西洋。这种超大陆的分裂并非沿大西洋边缘同时发生(见图 3-22)。第一次分裂发生在北美洲和非洲之间。在这里,陆壳高度分裂,为大量的液态熔岩到达地表提供了通道。

今天,这些凝固的熔岩成为美国东海岸的风化火成岩,主要埋藏在构成大陆架的沉积岩之下。放射性定年法检测的结果表明,裂谷作用开始于大约 1.8 亿年前。这个时间跨度指明了北大西洋的"生日"。

到 1.3 亿年前,南大西洋开始在如今南非尖端的位置打开。随着这个裂谷带向北移动,南大西洋逐渐成形(见图 3-22b 和图 3-22c)。南部大陆的持续裂解,导致非洲和南极洲分离,并使印度次大陆开启了北上之路。到了约 5 000 万年前的新生代早期,澳大利亚已经和南极洲分离,南大西洋也成为现今的模样(见图 3-22d)。

印度次大陆最终与"亚洲"发生了碰撞(见图 3-22e),这一碰撞始于约 5 000 万年前,并创造了喜马拉雅山脉。大约在同一时间,格陵兰岛和欧亚大陆分开,北部大陆的分离过程完成。

在过去约 2 000 万年中,阿拉伯半岛与非洲分离形成红海,下加利福尼亚半岛与墨西哥分离形成了加利福尼亚湾(见图 3-22f)。同时,巴拿马岛弧将北美洲和南美洲连接起来,产生了我们所熟悉的现代地球地貌。

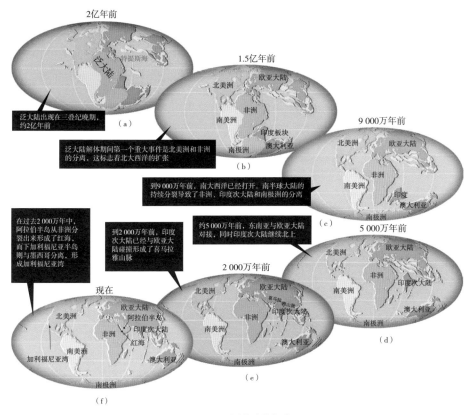

图 3-22 泛大陆的解体

未来的板块构造

地质学家已经根据现在的板块运动推测了未来的板块构造。如果目前的板块运动持续下去，5 000 万年后地球上的大陆可能的位置如图 3-23 所示。

在北美洲，下加利福尼亚半岛和位于圣安德烈亚斯断层以西的南加利福尼亚部分地区将滑过北美洲板块。如果这种向北迁移持续下去，洛杉矶和旧金山将在大约 1 000 万年后擦肩而过，大约 6 000 万年后，下加利福尼亚半岛将与阿留申群岛相撞。

如果非洲持续北上，它将继续与欧亚大陆碰撞，结果将导致地中海消失，于是曾经浩瀚的特提斯海的最后残余也将不复存在。此外，这还开启了另一个主要的造山事件（见图3-23）。澳大利亚将横跨赤道，与新几内亚一起向亚洲撞去。与此同时，北美洲和南美洲将开始分离，而大西洋和印度洋将继续发育扩张，太平洋将不断缩小。

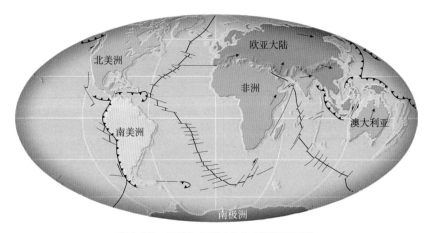

图 3-23　地球在 5 000 万年后的可能面貌

这一重建模型是高度理想化的，并假设导致泛大陆解体的过程会持续下去。

一些地质学家甚至推测了 2.5 亿年后地球的样子。在这种情况下，大西洋海底最终会变得古老而致密，足以在其大部分边缘形成俯冲带，就像现在的太平洋盆地一样。大西洋海底的持续俯冲将导致大西洋海盆的消失，美洲与欧亚－非洲大陆的碰撞，形成下一个超大陆（见图3-24）。大西洋之前的海洋在泛大陆形成时消失了，这一事实成为支持大西洋可能消失的证据。预计到那时，澳大利亚也将与东南亚发生碰撞。如果情况果真如此，那么当大陆重组成下一个超大陆时，泛大陆的解体也将结束。

这些预测虽然有趣，但对此必须持

> **你知道吗？**
>
> 当所有大陆合并形成泛大陆时，地表的其余部分被浩瀚的泛大洋所覆盖，现今的太平洋就源于泛大洋。自泛大陆解体以来，太平洋的面积一直在缩小。

怀疑态度，因为上述假设必须是正确的，这些事件才能如预测的那样发生。然而，大陆形状和位置无疑将在未来几亿年内发生同等程度的变化。只有在地球内部热量大量散失以后，驱动板块运动的"引擎"才会熄火。下一节将介绍关于板块构造成因的主流理论。

图 3-24　地球在 2.5 亿年后的可能面貌

Q6　最古老的沉积物的年龄是多少？

1968 年至 1983 年，科学家启动了深海钻探计划。该计划的早期目标之一是收集海底的标本以确定其年龄。研究团队利用一艘能够在数千米水下深处作业的钻探船，钻透覆盖洋壳的沉积层，直达其下的玄武岩，钻了数百个洞。由于海水对玄武岩的侵蚀会使放射性定年的结果不可靠，研究人员并没有用该方法测定地壳岩石的年代，而是直接利用在每个钻孔的地壳沉积物中发现的微生物化石来测定相应的海底年龄。

研究人员记录了从每个地点取得的沉积物标本的年龄，并记录了每个标本到脊顶的距离。他们发现，随着距洋脊的距离增加，沉积物的年龄也在增加。这一发现支持了海底扩张假说，该假说预测最年轻的洋壳将出现在脊顶，即海底生成的部位，而最古老的洋壳将位于大陆附近。

海底沉积物的厚度和分布是海底扩张的另一种验证。"格洛玛·挑战者号"（Glomar Challenger）钻探船取得的岩芯显示，在脊顶处几乎不存在沉积物，沉积物厚度随着与脊顶距离的增加而增加（见图3-25）。如果海底扩张假说是正确的，那么这种沉积物的分布模式应该是意料之中的。

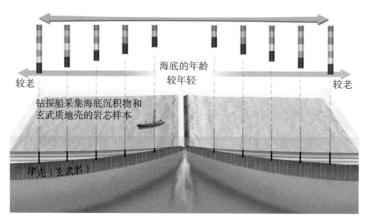

图 3-25　深海钻探船

通过深海钻探船收集的数据表明，最年轻的海底确实位于洋脊轴。

资料来源：Kyodo/Newscom。

深海钻探计划收集到的数据也再一次验证了洋盆在地质学上还很年轻，因为没有发现年龄超过 1.8 亿年的海底。相比之下，大多数陆壳的年龄超过数亿年，有些标本的年龄甚至超过 40 亿年。

由此，深海钻井项目不仅测定了洋壳的年龄，还为海底扩张和板块构造理论收集了证据。

随着板块构造理论的发展，研究人员开始用各种各样的研究检验理论的正确性。接下来，我们再看看其他方面的证据。

证据：地幔柱、热点和岛链

从地图上看，太平洋中的火山岛和海山（海底火山）形成了几条线形火山链结构。在这些火山链中，有一条火山链包含了至少 129 个火山结构，它们从夏威夷群岛延伸到中途岛，并继续向西北朝着阿留申海沟延伸（见图 3-26）。这个线形地貌被称为夏威夷岛-皇帝海山链。放射性定年法检测的结果显示，火山离夏威夷岛的距离越远，年龄越大。

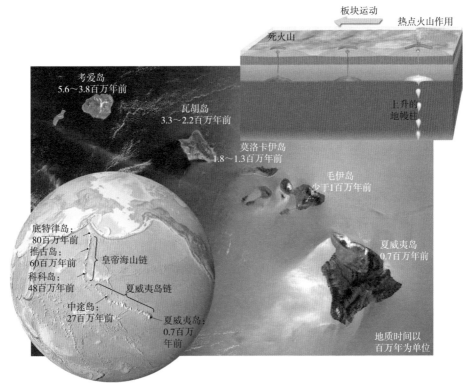

图 3-26　热点火山作用及夏威夷岛链的形成

用放射性碳定年法测算夏威夷群岛的年龄，结果表明，离夏威夷岛越远，火山活动的时代就越古老。

资料来源：NASA。

地幔柱假说[1]是一个被广泛接受的假说，该假说认为，在夏威夷岛下方，存在着一种起源于地幔深处的高温岩石上升流，它的形状大致呈圆柱形，所以被称为地幔柱。炽热的岩石柱在通过地幔上升时，围压也在下降，从而导致岩石部分熔融。这一现象被称为减压熔融。这种活动在地表会形成一个热点，即有火山活动、高热流和地壳抬升的区域，直径几百千米。

· 你知道吗？ ·

奥林匹斯山是火星上的一座巨大的火山，它与夏威夷群岛的火山非常相似。奥林匹斯山高出周围平原 25 千米，它之所以如此巨大，是因为火星上没有板块构造运动。因此，奥林匹斯山没有像夏威夷群岛上的火山那样随着板块运动远离热点，而是保持固定不动，最终发展成一座巨型火山。

地幔柱在地幔中的位置被认为是固定不变的，所以当太平洋板块在热点上方移动时，一个被称为热点轨迹[2]的链状火山构造就出现了。每一座火山的年龄代表了它位于地幔柱上方的时间。火山链中最年轻的火山岛是夏威夷岛，它从海底抬升不到 100 万年，中途岛则有 2 700 万年历史，而阿留申海沟附近的底特律海山大约有 8 000 万年历史。仔细观察夏威夷群岛中 5 个最大的岛，可以发现从火山活动活跃的夏威夷岛到不活跃、最古老的考爱岛，它们都有着相似的年龄模式（见图 3-26）。

500 万年前，考爱岛位于热点上方，它也是当时唯一保留至今的夏威夷群岛中的岛屿。如今，考爱岛上的死火山已经被侵蚀成参差不齐的山峰和广阔的峡谷，这些地貌都是关于考爱岛年龄的证据。相比之下，相对年轻的夏威夷岛则有着许多新鲜的熔岩流，其五大火山之一基拉韦厄火山至今仍在活动。

[1] 尽管地幔柱假说被广泛接受，但与板块构造理论不同的是，地幔柱假说的正确性仍未得到验证。地震研究还没有证实源于地核－地幔边界附近的细地幔柱的存在。因此，一些地质学家提出，夏威夷岛链的岩浆源于上地幔的局部熔融。

[2] 有大约 40 个热点被认为是由热地幔柱上涌形成的，其中大多数都有热点轨迹。

证据：古地磁

你可能知道地球是有磁场的，肉眼不可见的磁力线穿过地球，从一个磁极延伸到另一个磁极，并且进入太空（见图3-27）。如今，地磁南极点和地磁北极点大致等同于地球自转轴与地表相交处的地理极点。对我们来说，地磁场不如地球引力那么明显，因为我们感觉不到地磁场的存在。不过，指南针能证明它的存在。传统的指南针是一个可以在轴上自由旋转的小磁铁，它会与磁力线对齐。平放时，指南针的一端指向地磁北极，另一端指向地磁南极。

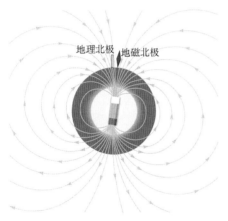

图 3-27 地磁场

地磁场包含着大量磁力线，它们类似于将一块巨大的条形磁铁放置在地球中心时所产生的磁力线。

此外，一些天然矿物本身具有磁性，因此会受到地磁场的影响。其中最常见的是富铁矿物磁铁矿，它在玄武质熔岩流中含量很高[①]。玄武质熔岩以高于1 000℃的温度在地表喷发，超过了磁性临界温度，即居里点（约585℃）。因此，在熔融态的熔岩中，磁铁矿颗粒是没有磁性的，但是随着熔岩冷却，这些富铁的颗粒会被磁化，并沿着当时的磁力线方向排列。一旦矿物凝固，它们所具有的磁性通常会"冻结"在这个位置。因此，它们的作用就像指南针，指示出其形成时的磁极位置。形成于上千年或者上百万年前，并且记录了形成时磁极方向的岩石

---

① 一些沉积物和沉积岩中也含有大量的含铁矿物颗粒，因此可测量它们的磁化强度。

具有古地磁性，或者说保留磁性。

视极移

一项针对遍布欧洲的古熔岩流的古地磁学研究得出了一个有趣的发现。从欧洲测量得到的地磁北极位置图显示，在过去的 5 亿年里，地磁北极逐渐从夏威夷附近的一个地方向东北漂移，一直移动到现在位于北冰洋上空的位置（见图 3-28）。这要么强有力地证明了地磁北极过去发生了迁移（这种想法被称作极移），要么证明了极点始终在原先的位置，是下方的大陆在漂移，换句话说，欧洲相对于地磁北极发生了漂移。

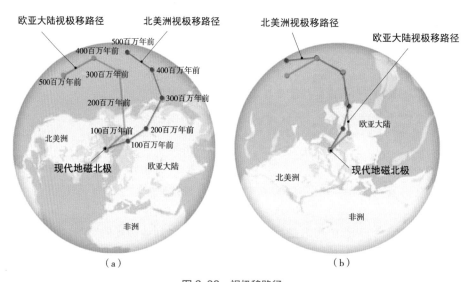

图 3-28　视极移路径

图（a），科学家们认为，根据北美古地磁数据得到了更偏西的路径，是因为北美洲以 24 度向西漂离欧亚大陆。图（b），当陆块重新恢复到漂移前的位置时，漂移轨迹的位置。

从表面上看，不同时代的熔岩流中富铁矿物的磁性排列表明，古磁极位置随时间发生了变化。然而，尽管人们知道磁极以某种难以预测的路径移动，但在许多地方开展的古地磁学研究表明，经过数千年的平均后，磁极的位置与地理极点的位置非常吻合。因此，这为魏格纳的大陆漂移假说提供了一个更容易被接受的解释：如果磁极位置保持不变，它们的视移（apparent movement）是由看起来似乎固定的大陆发生漂移而导致的。

几年后，当人们重建了一条北美洲的极移路径时，进一步支持大陆漂移假说的证据出现了（见图 3-28a）。在最初的 2 亿年左右，北美洲和欧洲的极移路径方向相同，但相隔 5 000 千米。接着，在中生代中期（1.8 亿年前），两条路径逐渐向现在的北极汇聚。目前对这两条路径的解释是，北美洲和欧洲在中生代之前都是连在一起的。在中生代时期，大西洋开始形成，此后这些大陆不断相背运动。在将北美洲和欧洲移回它们漂移之前的位置时，如图 3-28b 所示，这两条视极移路径是部分重合的。这证明了北美洲和欧洲曾经是同一大陆的一部分，后来朝着两极开始移动。

磁极倒转和海底扩张

地球物理学家发现，在几十万年时间里，地磁场会发生周期性磁极倒转。在磁极倒转期间，地磁北极变成地磁南极，地磁南极变成地磁北极。在磁极倒转期间凝固的熔岩被磁化，其极性与今天形成的火山岩的极性相反。当岩石表现出与当前磁场相同的极性时，我们说它们具有正向极性，表现出相反极性的岩石则具有反向极性。

磁极倒转的概念得到证实后，研究人员就开始着手建立这些事件的时间尺度。他们的任务是测量上百个熔岩流的磁性，并用放射性定年法确定每个熔岩流的年龄。图 3-29 展示了用这种方法确定的过去几百万年的磁极倒转年表。磁极倒转年表主要由时（chron）来划分，每个时通常持续大约 1 百万年。随着越来越多测量数据的出现，研究人员意识到，在一个时里（不到 0.2 百万年），常常会发生几次短暂的磁极倒转。

与此同时，海洋学家在绘制详细的海底地形图的同时，也已开始对海底进行磁性测量。海底磁性测量是利用一种叫作"磁强计"的灵敏仪器来完成的，测量人员通常会用研究船拖曳该仪器进行测量（见图 3-30a）。这些地球物理调查的目的是绘制由地壳岩石的磁性差异而导致的地磁场强度变化图。

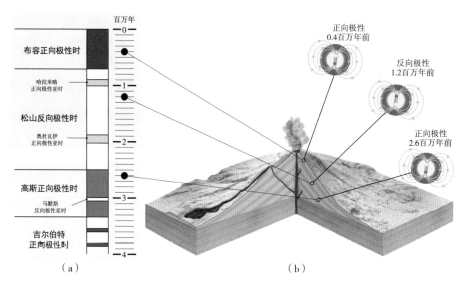

（a）　　　　　　　　　　　　　　　　　　（b）

图 3-29　磁极倒转年表

图（a），过去 4 百万年内地球的磁极倒转年表。图（b），该年表是根据年龄已知的熔岩流的磁极性绘制的。
资料来源：Allen Cox, G. B. Dalrymple。

　　这方面的首次综合研究是在北美洲的太平洋沿岸进行的，结果出人意料。研究人员发现，高强度和低强度磁性条带交替出现（见图 3-30b）。直到 1963 年，弗雷德·瓦因（Fred Vine）和 D. H·马修斯（D. H. Matthews）证明了高强度和低强度磁性条带支持了海底扩张的概念，这种相对简单的磁性变化模式才得到解释。瓦因和马修斯认为，高强度磁性条带是洋壳古地磁学呈正向极性的区域（见图 3-29a），因此这些岩石增强了地磁场；相反，低强度磁性条带是洋壳呈反向极性的区域，因此削弱了地磁场。

　　但是，正向磁化和反向磁化的平行条带是如何分布在海底的呢？瓦因和马修斯推断，当岩浆在脊顶凝固时，它会按照当时的地磁极性发生磁化（见图 3-31）。

由于海底扩张，这些被磁化的洋壳条带会逐渐变宽。当地磁场方向反转时，新生成的洋底具有相反的极性，并且分布在原来的条带中间。慢慢地，旧条带的两半将向相反的方向移动，远离脊顶。随后的几次磁极倒转就这样建立了一个正向和反向磁性条带交替的模式，如图 3-31 所示。

因为不断扩张的海底两侧后缘会加入等量的新岩石，所以我们预测洋脊一侧的条带模式（宽度和极性）应该与另一侧相同。事实上，位于冰岛南边的一项跨大西洋中脊的研究显示，地磁性条带的模式相对脊轴展示出了相当好的对称性。

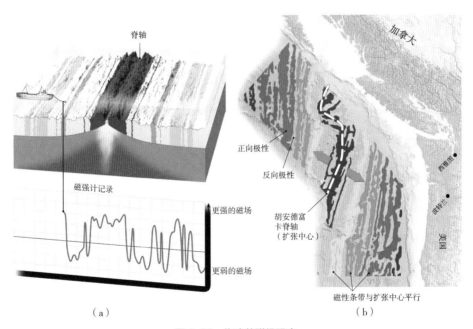

图 3-30 海底的磁场强度

图（a），磁强计被拖着经过一段海底，记录磁场强度。图（b），需要注意，对称的低强度和高强度磁性条带与胡安德富卡脊轴平行。彩色的高强度磁性条带出现在海洋岩石呈正向极性的区域，会增强现有地磁场。相反，白色的低强度磁性条带是地壳磁性倒转的区域，会削弱现有地磁场。

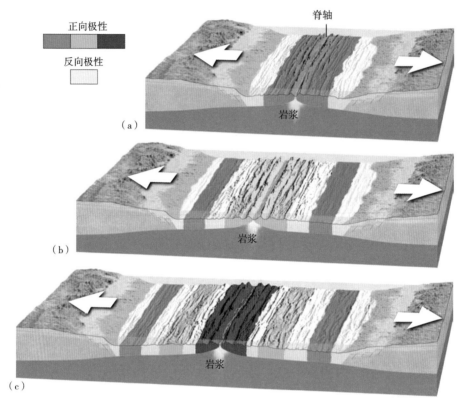

图 3-31 磁极倒转和海底扩张

当洋中脊形成新的玄武质岩石时，它们会根据地球现有的磁场发生磁化。因此，洋壳提供了地磁场在过去 2 亿年间每次发生磁极倒转的永久记录。

Q7 板块运动的力量源泉是什么？

板块构造理论刚提出时，地质学家认为地幔中的对流积极地拖动着岩石圈板块。在使用数学模型进行模拟之后，人们才发现只靠地幔对流不足以推动如此厚的构造板块。板块运动主要依靠两个驱动力：板片拉力和洋脊推力。

地质学家已经发现岩石圈板块是更大型的对流系统的一部分，正是这个对流系统驱动了板块运动。对流是热量通过液体和气体传递的一种方式。为了便于理解，你可以想象用本生灯加热一个烧杯中的水。火焰附近的水温度变得更高，因此密度更低，以相对较薄的片状或团状上升，在水的表层扩散开来。当表层的水冷却时，密度会增加，于是下沉到烧杯底部。热水上升，冷水下沉，这种循环就产生了对流。驱动板块构造的对流系统类似于这种模型，但要复杂得多。

板片拉力。地质学家认为，冷而致密的海洋岩石圈的俯冲是板块运动的主要驱动力（见图 3-32）。这种现象被称为板片拉力，较冷的海洋岩石圈比下方的高温软流圈密度更大，因此会像船锚入水一样下沉，这意味着板片在重力作用下被拉进地幔。虽然俯冲板片会随着下沉而升温，但它会不断被上面更冷、密度更大的岩石圈所取代。结果，正在俯冲的岩石圈板片的温度可以比周围的软流圈低几百度。较低的温度导致俯冲板片比周围的软流圈密度更大，因此在重力的作用下，它比软流圈中温度更高的岩石下降的距离更多。

洋脊推力。另外一个重要的驱动力沿洋脊分布，新形成的海洋岩石圈被推离脊轴。这种重力驱动的机制被称为洋脊推力，是由洋脊的位置升高造成的，它导致岩石圈板片从脊顶朝两侧"滑"落（见图 3-32）。这就类似于雪崩时重力把雪拉下山坡。尽管洋脊的坡度非常缓，但涉及的物质总量非常多，所以洋脊推力非常大。

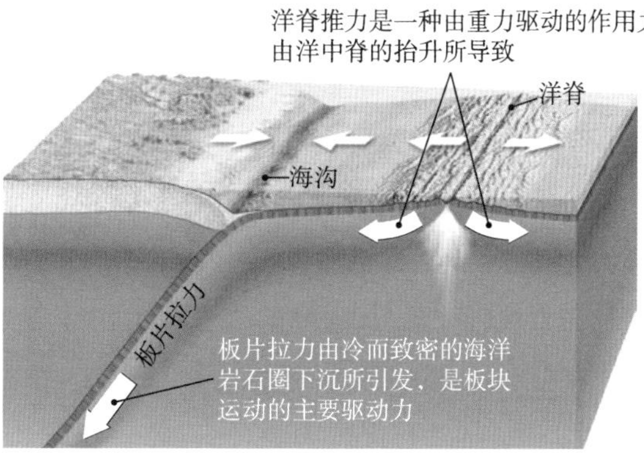

研究显示，洋脊推力对板块运动的贡献比板片拉力少。该结论的主要证据是几个板块的快速移动，比如太平洋板块、纳斯卡板块与科科斯板块，它们的边界出现了大量俯冲带。相比之下，大西洋

图 3-32 作用在岩石圈板块上的力

155

盆地是平均扩张速度最慢的几个区域之一，每年只扩张约 3.5 厘米，几乎没有俯冲带。

板块-地幔对流模型

尽管我们还没有完全了解驱动板块构造的大型对流系统，但研究者基本都认同如下事实：

· **板块构造和地幔对流都属于同一系统**。俯冲的海洋板块驱动着较冷的、向下运动的对流部分，沿洋脊岩石的浅部上升流和上浮的地幔柱则驱动着对流机制的上涌部分。

· **板块构造的能量来源是地球的内部热量**。这些热量持续向地表传递，最终辐射到太空中。

现在，人们还不太清楚这种对流的具体结构。目前有几种关于板块－地幔对流的模型，我们现在来了解一下其中被认为最合理的一个。

一些研究者支持一种全地幔对流模型（也被称作地幔柱模型），其中较冷的海洋岩石圈下沉到很深的地方，扰动整个地幔（见图 3-33）。该模型认为，俯冲板片最终的归宿是地球的核幔边界。俯冲板片向下的运动与向地面输送高温地幔岩石的上浮地幔柱形成平衡。

人们通常认为，存在两种地幔柱：狭管状地幔柱和巨大的上涌地幔柱（通常被称为大地幔柱）。长而窄的狭管状地幔柱发源于核幔边界，并产生了热点火山活动，而这又与夏威夷群岛、冰岛、黄石公园等地的形成有关。科学家

> **你知道吗?**
>
> 由于构造过程的动力来自地球内部的热量，因此在遥远未来的某个时刻，板块运动的驱动力终会消失。然而，外部力（比如风、水和冰）的作用将持续侵蚀地表。最终，陆块会被夷平。世界将变得极为不同，没有地震，没有火山，也没有山脉。

认为，大地幔柱区域位于太平洋盆地和南非下方，如图 3-33 所示。大地幔柱可以解释为什么南非的高度比稳定大陆地块应该有的高度高得多。在这种全地幔对流模型中，狭管状地幔柱和大地幔柱中的热量都主要来自地核。然而，一些研究人员对这一观点持怀疑态度，并提出大多数热点火山活动的岩浆源自上地幔（软流圈）。

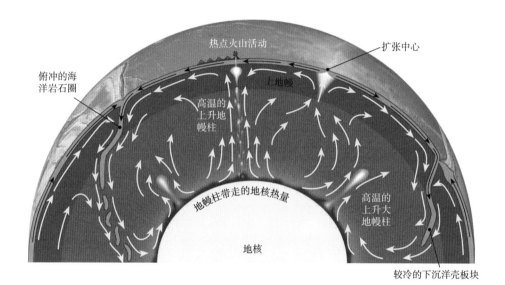

图 3-33 全地幔对流模型

在"全地幔对流模型"中，较冷的海洋岩石圈的下沉板片在对流单元中是向下运动的支流，而上升的地幔柱把高温物质从核幔边界带向地表。

需要注意的是，地质学家一直在质疑板块－地幔对流模型。随着研究的不断深入，未来终将出现一个能得到公认的假说。

要点回顾
— Foundations of Earth Science >>> ——————————————

- 地质学家曾经认为洋盆都是非常古老的，大陆是固定不动的。一场科学变革抛弃了这些观点，使地理学重新焕发生机：这就是板块构造理论。如今，得到多种证据支持的板块构造理论已经成为现代地球科学的基础。

- 岩石圈由许多大小不一的块体组成，被称为岩石圈板块。地球上有七大板块以及很多相对小的微板块。板块在边界处相遇，板块边界可能是离散型（相互远离）、汇聚型（相互靠近）或者转换型（彼此横向移动）。

- 海底扩张导致洋脊系统形成新的海洋岩石圈。当两个板块相互远离，张力使板块中间形成裂缝，岩浆涌出并形成小片新的洋盆。这个过程以每年 2 ~ 15 厘米的速度产生新的海洋岩石圈。

- 在转换型板块边界（转换断层），岩石圈板块会发生水平方向的相互滑动。没有新的岩石圈产生，也没有旧的岩石圈消失。浅层地震就是这些岩石板片经过对方时相互摩擦所导致的。

- 尽管地球表面的总面积没有变化，但每个独立板块的形状和大小会因板块俯冲和海底扩张而不断改变。板块边界可以产生或者消失。很多证据证实了板块构造理论模型。比如深海钻探计划发现，随着与洋脊间的距离不断增加，海底的年龄也逐渐增大。洋壳顶部沉积物的厚度与它距洋脊的距离也成正比，因为更老的岩石圈有更多的时间积累沉积物。

- 大洋岩石圈板片在俯冲带下沉，因为俯冲的板片比下方的软流圈的密度更大。这个过程被称为板片拉力，在这个过程中，地球的重力把板片的其余部分拉向俯冲带。当海洋岩石圈背离洋脊下滑时，洋脊的坡度会施加一个小的附加力，即洋脊推力。

Foundations

of Earth Science

04

地球内部不平静的力量是什么?

妙趣横生的地球科学课堂

- 破坏力大的地震是如何产生的？

- 地球上有哪些重要的地震带？

- 人体为什么感受不到震级？

- 什么样的建筑最容易在地震中倒塌？

- 我们如何通过地震波"看到"地球内部？

- 岩石为什么会像铅笔一样被折断？

- 为什么说喜马拉雅山脉是"年轻的山脉"？

- 海洋生物化石为什么在山脉顶部？

2015 年 4 月 25 日，一场里氏 7.8 级地震袭击了尼泊尔这个南亚多山国家，这是该国 80 多年来遭遇的最严重的自然灾害。地质学家几十年来一直预测该区域会发生重大地震，因为尼泊尔位于喜马拉雅山脉高处，在印度板块逆冲到“亚洲”的碰撞边界之上。此次地震造成近 9 000 人死亡，超过 22 000 人受伤。这场持续 50 秒的浅层地震造成了大面积的破坏，引发了珠穆朗玛峰的雪崩，造成 19 人死亡，其中包括国际徒步旅行者和他们的夏尔巴人向导。地震区域内发生了多次山体滑坡，道路受阻，救援工作延宕。据悉，尼泊尔首都加德满都在这次地震期间向南移动了 3 米。

尼泊尔这场地震只是全世界每天发生的上千次地震中的一场，在这些地震中，每年只有大约 15 次强地震被记录下来（震级为 7 级以上）。这些被记录下来的地震，有很多发生在没有人烟的偏远地区，还有一些是不会造成破坏或不会引起注意的小地震。发生在城市和人群聚集区的大地震并不多见，但通常会带来大灾难。

通过本章内容，你将了解到地球上主要地震带的分布情况以及绝大多数地震产生的原因和机制，并通过对地球造山带形成及走势的了解，探究地震短期预测和长期预测的可能性和可行性。

Q1　破坏力大的地震是如何产生的?

　　发生在人口密集区域的地震，无论震级大小，都有可能产生极大的破坏，因为地面的震动和土壤的液化作用会共同对建筑、道路以及其他结构加压。此外，输电线和天然气管道也会因地震发生断裂，从而引发火灾。在震惊世界的 1906 年美国旧金山大地震（里氏 7.8 级）中，很多损失都是由火灾导致的，由于水管破裂，消防取水困难，火势变得无法控制。

　　提前预测发生在城市的地震是十分必要的，接下来，我们从认识板块运动方式和地震波出发，一步步分析地震是如何发生的。

　　地震是由于一块岩石沿着地壳上的裂缝（断层）突然且快速地滑过另一块岩石而引发的。断层在绝大多数时间内都是闭锁的，因为上方壳体施加了巨大的围压，导致地壳中的这些裂缝被"紧锁"。当差应力累积到一定程度，超过了将岩石固定在一起的摩擦力时，地震就会发生。岩石开始滑移的位置被称为震源。震源正上方对应的地表点被称为震中（见图 4-1）。

　　大型地震以地震波的形式释放大量储存的能量，地震波可以在岩石圈及地球内部传播。地震波从地震发生的地点向四面八方传播，就像朝平静的池塘中扔一颗石头之后所产生的涟漪。地震波携带的能量使得传导它的物质发生震动，从而导致地震期间出现摇晃和震动现象。

　　尽管随着地震波远离震源，能量

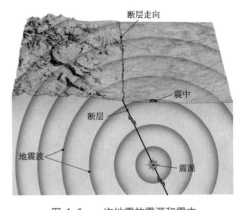

图 4-1　一次地震的震源和震中

震源是地下深处最初发生位移的区域。震中是震源正上方对应的地表点。

会迅速衰减，但通过精密的仪器，人们仍可探测到地球另一端发生的地震。

探寻地震的起因

火山爆发、大型滑坡和陨石撞击，这些地质活动释放的能量都可以产生类似地震波的波，但这些波一般很弱。那么，究竟是什么机制产生了具有破坏力的地震呢？

图 4-2 人造建筑沿断层发生的位移

在 1906 年的旧金山大地震中，这个栅栏发生了 2.5 米的位移。

资料来源：G. K. Gilbert/USGS。

地震产生的真正机制一直困扰着地质学家，H. F·里德（H. F. Reid）在 1906 年旧金山大地震后进行的划时代研究终于解开了这一谜团。在这场地震中，圣安德烈亚斯断层北部发生了几米的水平地面位移（见图 4-2）。实地研究表明，在这次地震中，太平洋板块相对于临近的北美洲板块，向北倾斜了 9.7 米。为了更形象地描述这个事件，想象一下你站在断层的一边，看到站在另一边的一个人突然水平移动到距你右侧约 9 米远的地方。

里德从调查中总结的内容如图 4-3 所示。在几十到几百年的时间跨度中，差应力缓慢地使断层两边的地壳岩石发生弯曲。这很像一个人掰弯一根软木棒，如图 4-3a 与图 4-3b 所示。摩擦阻力使断层不发生断裂和滑动。摩擦力抑制了滑动，并随着断层表面不规则程度的增加而增强。在某些点，沿断层的应力超过了摩擦力，滑动便发生了。滑动使得变形（弯曲）的岩石"啪一下弹回到"它原来不受应力的状态。一系列地震波随着岩石的滑动向外辐射（见图 4-3c 和图 4-3d）。里德把这种"弹回"命名为弹性回跳（elastic rebound），因为岩石表现得富有弹性，就像松开一根被拉长的橡皮筋时一样。

岩石的变形　　　　　　　木棒的变形

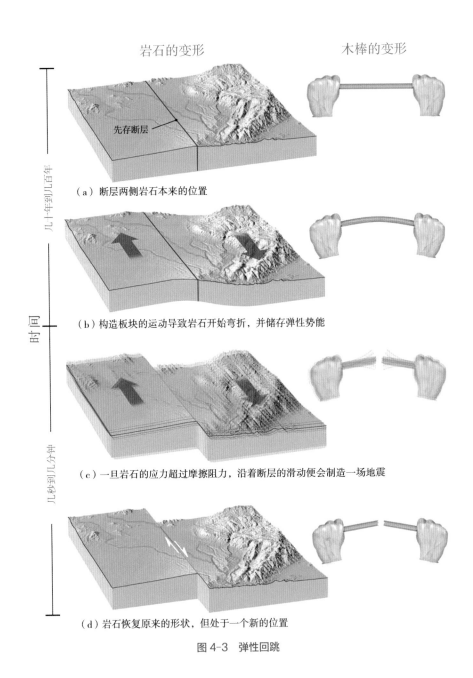

（a）断层两侧岩石本来的位置

（b）构造板块的运动导致岩石开始弯折，并储存弹性势能

（c）一旦岩石的应力超过摩擦阻力，沿着断层的滑动便会制造一场地震

（d）岩石恢复原来的形状，但处于一个新的位置

图 4-3　弹性回跳

板块构造和大地震

回想一下，地球的岩石圈板块的巨大板片不断地相互摩擦。当这些活动的板块与邻近的板块相互作用时，它们会使边缘的岩石拉伸并变形。与汇聚型和转换型板块边界有关的断层是大多数大地震的震源。

汇聚型板块边界。在一个大陆与另一个大陆碰撞的汇聚型板块边界上，产生的压应力会沿着众多大型逆冲断层切割地壳（见图4-4）。2015年尼泊尔地震就是沿着逆冲断层产生地震的一个例子。此次地震的震中位于加德满都以北80千米处，在该区域，印度板块以每年4.5厘米的速度向欧亚板块推进，推动了喜马拉雅山脉的抬升。

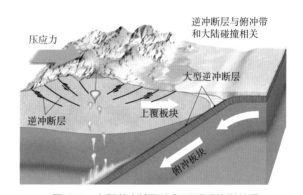

图 4-4 大型逆冲断层形成于汇聚型板块边界

汇聚型板块边界是一个板块俯冲到另一个板块下方的位置，将这些板块分隔开的大型逆冲断层孕育着地球上最大的地震。

当汇聚导致大洋岩石圈俯冲到另一个板块之下时，两个板块之间的接触区域就形成了一个广泛的断层带，被称为大型逆冲断层，可以长达几千千米（见图4-4）。沿着俯冲带，这些大型逆冲断层可以保持数十年甚至数百年的闭锁状态。当俯冲板块缓慢向下运动时，它会拖曳并使上覆板块的前缘发生弯曲，有时会在海底产生一个隆起（见图4-25a）。一旦两个卡住的板块之间的摩擦力被克服，上覆板块就会回弹到它的原始形状。这种回弹产生的地震震级在很大程度上取决于滑移带的大小。

大型逆冲断层已经产生了大多数地球上最强烈、最具破坏性的地震，包括

2011 年的日本大地震（里氏 9.0 级）、2004 年的印度洋（苏门答腊岛）大地震
（里氏 9.1 级）、1964 年的阿拉斯加大地震（里氏 9.2 级），以及 1960 年的智利
大地震（里氏 9.5 级）等。

转换型板块边界。主要位
移为水平位移且平行于断层走
向（断层与地表的交线）的断
层被称为走滑断层（strike-slip
fault）。回顾一下前文，在转
换型板块边界（转换断层），
两个构造板块之间会发生这种
运动。例如，圣安德烈亚斯断
层是位于北美洲板块和太平洋
板块之间的一个巨大的转换断
层（见图 4-5）。大多数大型转
换断层不完全是直线形的或连
续的；相反，它们由许多分支
和较小的裂缝组成，呈现弯折
和错断（见图 4-5）。地震可能
沿这些分支的任何一处发生。

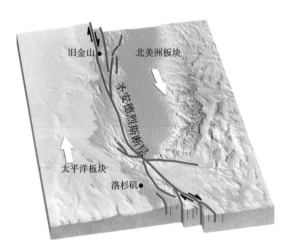

图 4-5　圣安德烈亚斯断层是转换型板块边界

圣安德烈亚斯断层是一个大型断层系统，将太平洋板块与
北美洲板块分隔开。这种大型走滑断层被称为转换断层，
可以形成毁灭性的地震。

断层破裂和传播

通过研究全球各地的地震，地质学家发现，较大的断层会沿着离散的断层段
发生位移，这些断层段往往有不同的行为。例如，圣安德烈亚斯断层的某些部
分表现出缓慢而渐进的位移，即断层蠕变（fault creep），几乎不产生地面震动。
而其他部分以相对较小的间隔发生滑动，产生大量小型到中型地震。还有一些
断层段保持闭锁状态，并在松动之前的数百年间一直存储着弹性势能。在断层
段中，一些闭锁了 100 年或更久的断裂可能会导致大地震。

地质学家还发现，沿着像圣安德烈亚斯断层这类大断层的滑动并不是瞬间发生的。最初的滑动发生在震源，并沿着断层面传播（移动）。随着每一段发生滑动，它又会对下一段施加应力，导致下一段也滑动。滑动以 2 ～ 4 千米 / 秒的速度向前传播，这比步枪子弹的飞行速度还快。一个 100 千米断层段的破裂大约需要 30 秒，而 300 千米的断层段也不过需要 90 秒即可破裂。随着破裂的发展，破裂速度可能会减慢或加快，甚至跳转到附近的断层段。当断层开始滑动时，沿断层的每一点都会产生地震波。

如果我们能及时捕捉到这些地震波，是否就能将地震的破坏力降到最低呢？地震波的详细研究有助于科学家对地震进行定位和测量。了解地震波的运动规律也有助于我们更好地了解地球内部的性质。

对地震波的研究，或者说地震学的出现，最早可以追溯到 2 000 年前的中国，在确定震源方向上，中国人取得了卓越的成就。已知最早的地震侦测仪器是由张衡发明的候风地动仪。该地动仪形如大酒樽，顶上有凸起的盖，周围 8 个龙头对准 8 个方向，每个龙头的嘴里含着一个小铜球，对着龙嘴的位置有 8 个铜蛤蟆。哪里发生地震，对准那个方向的龙嘴会张开，铜球会落到对应的铜蛤蟆嘴里（见图 4-6）。

掉落的小铜球

图 4-6　候风地动仪

资料来源：the James E. Patterson Collection,courtesy of F. K. Lutgens。

记录地震的仪器

从原理上来看，现代地震仪和候风地动仪很像。地震仪有一个自由悬挂在支撑结构上的重物，而支撑结构又牢牢地固定在基岩上（见图 4-7）。当地震波到达时，重物的惯性使它能够在地球和支撑结构发生移动时保持相对稳定。惯性，简单来说就是静止的物体有保持静止的趋势，运动的物体有保持运动的趋势，除非它们受到外力的作用而改变这种趋势。你试图快速停车，但你的身体还在继续向前移动的时候，你就会感受到惯性。

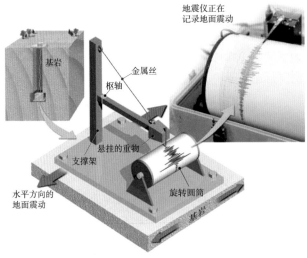

图 4-7　地震仪的原理

悬挂的重物由于惯性能够保持不动，同时固定在基岩上的旋转圆筒由于地震波而震动。稳定的重物提供了一个参考点，以此来测量地震波经过地面时发生的位移量。

资料来源：Zephyr/Science Source。

为了检测到非常微弱的地震，或者在世界其他地区发生的大地震，绝大多数地震仪都被设计为可以放大地面运动。在地震多发地区，所用仪器就被设计为能够承受可能发生在震中附近的剧烈震动。

地震波

地震仪获得的记录被称为地震图，它提供了关于地震波特征的有用信息。地震图显示，岩体滑移产生两种主要类型的地震波。其中一种叫体波，在地球内部传播。另一种叫表面波，在地表以下的岩石层中传播（见图 4-8）。

体波。依照在介质中的传播方式，体波还可进一步分为两种类型：纵波（P 波）和横波（S 波）。P 波属于一种推拉波，它们会在传播方向上瞬间推（压缩）和拉（拉伸）岩石（见图 4-9a）。这种波的运动和击鼓的原理类似，鼓面使空气发生前后移动从而发出声音。固体、液体和气体会抵抗试图改变它们的体积的压力，所以一旦压力消失它们就会弹回原来的状态。因此，P 波可以在这类物质中传播。

相较之下，S 波"晃动"物质的方向与传播方向垂直。固定绳子一端同时晃动另一端就可以形象地说明这一现象（见图 4-9b）。P 波可以通过来回挤压和拉伸介质，暂时改变介质的体积，而 S 波与 P 波不同，S 波会改变其传播介质的形状。因为流体（气体和液体）不能抵抗造成形状改变的应力，这意味着当应力移除时流体不会恢复最初的形状，因此液体和气体不传播 S 波。

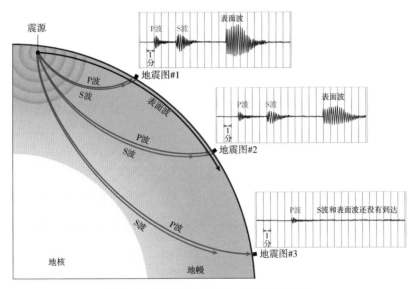

图 4-8　体波（P 和 S 波）与表面波的对比

P 波和 S 波在地球内部传播，而表面波在地表附近的岩层中传播。P 波最先到达地震台，其次是 S 波，最后是表面波。

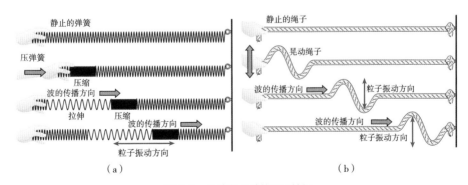

图 4-9　P 波和 S 波的运动特征

在一次强震中，地面震动由多种地震波组合而成。图（a），如玩具弹簧所示，P 波交替地挤压和拉伸它所经过的介质。图（b），S 波使介质在与波的传播方向垂直的方向上振荡。

表面波。表面波有两种类型。第一种表面波使地表以及在地表上的任何物体发生上下移动，就像使船颠簸的海浪一样（见图 4-10a）。第二种表面波使地表左右摇摆，这种摆动对建筑地基的破坏尤其大（见图 4-10b）。

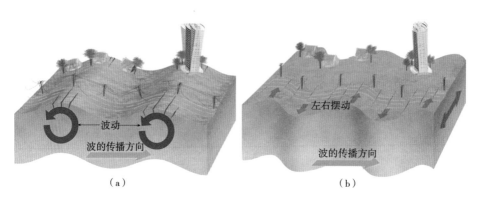

图 4-10　两种类型的表面波

图（a），一种在地球表面传播的表面波类似于翻滚的海浪。红色箭头展示了岩石的运动就如海浪经过时的运动。图（b），另一种表面波使地面左右摆动，其对建筑地基的破坏尤其大。

地震波的速度和规模对比。通过仔细观察图 4-11 所示的地震图，你可以发现不同地震波的另一主要区别是它们的传播速度。P 波最先到达地震台，其次是 S 波，最后是表面波。一般来说，在任何固态的地球物质中，P 波传播的速度比 S 波快 70%，S 波又比表面波快约 10%。

注意，在图 4-11 中，地震波除了速度不同，它们在地震图中的高度（振幅）也存在差别，这可以反

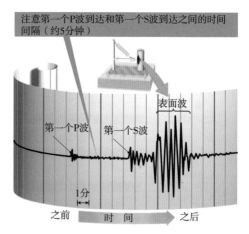

图 4-11　典型的地震图

映它们所导致的震动量。S 波的振幅比 P 波的振幅稍大，表面波的振幅最大。表面波维持最大振幅的时间也比 P 波和 S 波长。因此，表面波造成的地面震动一般比 P 波和 S 波都要大，因此会造成更严重的生命与财产损失。

Q2　地球上有哪些重要的地震带？

你很可能会迅速将"地震"一词与美国西部地区或者日本联系起来。然而，自殖民时代以来，美国中部和东部发生了 6 次大地震，以及其他几次损失相当大的地震（见图 4-12）。

其中三次地震是相继发生的，据估计震级约为 7 级，摧毁了当时位于密西西比河流域的密苏里州新马德里的边境城镇。据估计，如果在未来 10 年内，类似于 1811 年至 1812 年新马德里地震规模的地震发生在同一地点，将会造成数千人伤亡和数百亿美元的损失。

美国东部各州历史上最大的地震发生在 1886 年 8 月 31 日，震中位于南卡罗来纳州查尔斯顿。这次地震造成 60 人死亡，多人受伤，经济损失巨大。在 8 分钟内，远在芝加哥和圣路易斯都有震感，强烈的震动使建筑物的上层发生摇晃，人们纷纷跑到户外。仅在查尔斯顿，就有 100 多幢建筑被毁，其余的建筑中有 90% 受损（见图 4-13）。

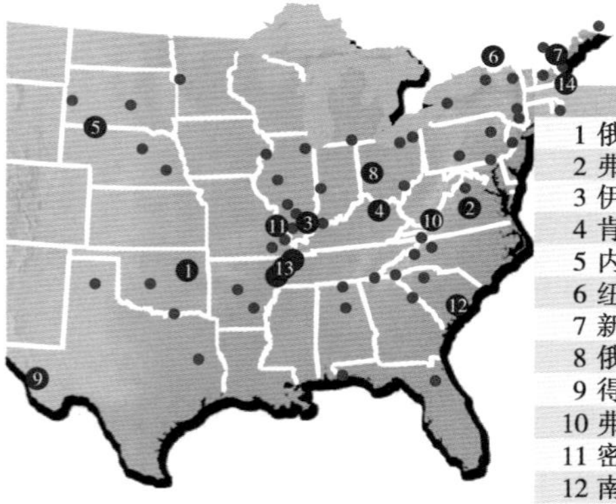

位置	日期（年）	烈度	震级*	注解
1 俄克拉何马城东部	2011	VII	5.6	摧毁了14幢房屋
2 弗吉尼亚州米纳勒尔	2011	VII	5.8	多数人感受到了
3 伊利诺伊州东南部	2008	VII	5.4	沿沃巴什谷地震带发生
4 肯塔基州东北部	1980	VII	5.2	肯塔基州有记录以来最大的地震
5 内布拉斯加州梅里曼	1964	VII	5.1	内布拉斯加州有记录以来最大的地震
6 纽约州北部	1944	VIII	5.8	留下了几幢不能居住的危房
7 新罕布什尔州奥西皮湖	1947	VII	5.5	间隔4天发生了2次地震
8 俄亥俄州西部	1937	VIII	5.4	灰泥墙大面积损坏
9 得克萨斯州瓦伦泰恩	1931	VIII	5.8	砖房严重受损
10 弗吉尼亚州贾尔斯县	1897	VIII	5.9	改变了天然泉水的流动
11 密苏里州查尔斯顿县	1895	VIII	6.6	建筑结构被损毁或被液化
12 南卡罗来纳查尔斯顿县	1886	X	7.3	造成60人死亡，摧毁了很多建筑
13 密苏里州新马德里县	1811—1812	X	7.0~7.7	发生了3次强地震
14 马萨诸塞州安角	1755	VIII	?	损毁波士顿的很多建筑

*许多这类同时间的烈度和震级都已经进行了评估。

图 4-12　1755—2018年落基山脉东部发生过的地震

大地震在远离板块边缘、相互摩擦或板块俯冲的大陆中部是不常见的。然而，自殖民时代以来，美国中部和东部发生了多次破坏性地震。

资料来源：U.S. Geological Survey。

大地震并不会集中发生在某一个国家，而是会集中发生在地震带上。在地震所释放的全部能量中，大约 95% 都起源于几个相对狭窄的区域内（见图 4-13）。这些地震带主要分布在汇聚型、离散型和转换型三种类型的板块边界上。

图 4-13　南卡罗来纳州查尔斯顿发生的地震

1886 年 8 月 31 日，南卡罗来纳州查尔斯顿发生的地震造成了严重破坏。资料来源：USGS。

与板块边界有关的地震

地球上最大的地震带是环太平洋地震带，包括智利、中美洲、印度尼西亚、日本、阿拉斯加沿海地区，以及阿留申群岛的海岸地区（见图 4-14）。环太平洋地震带上的大多数地震都发生在汇聚型板块边界上，一个板块会以较小的倾角俯冲到另一个板块之下。如前所述，俯冲板块和上覆板块之间的地质构造被称为大型逆冲断层（见图 4-4）。在超过一距离的俯冲边界上，逆冲断层主导着位移。在 1 000 千米长的断层段上偶尔会发生断裂，引发灾难性的地震。

强震活动还主要集中在阿尔卑斯—喜马拉雅山系带，它穿过地中海一侧的山区，并延伸到喜马拉雅山系（见图 4-14）。该地区的构造运动主要是由非洲板块和印度板块与广阔的欧亚板块的碰撞而引发的。这些板块相互作用产生了逆冲断层和走滑断层。

另外一种板块边界，即转换型板块边界，也是强震的来源。美国加利福尼亚州的圣安德烈亚斯断层、新西兰的阿尔派恩断层、土耳其的北安纳托利亚断层等处都曾发生过破坏性地震。

图 4-14 还显示了一个连续的地震带，它在海洋中延伸了数千千米。这个地震带与洋脊系统相吻合，属于离散型板块边界，地震活动频繁但烈度较弱。

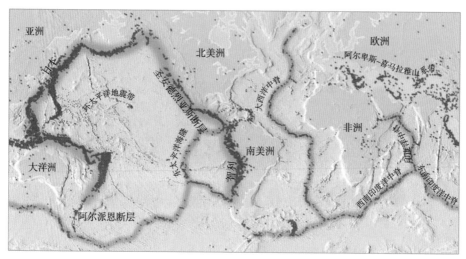

图 4-14　全球地震带

红点表示 10 年间近 15 000 次 5 级或 5 级以上的地震分布。

落基山脉东部的破坏性地震

美国中部和东部的地震发生频率远低于加利福尼亚州，但历史表明，东部也容易受到地震影响。此外，与加利福尼亚州类似震级的地震相比，落基山脉以东的这些地震通常会在更大范围内造成结构性破坏。这是因为美国中部和东部的基岩年代更久，也更坚硬。因此，与美国西部相比，地震波可以传播更远的距离，同时衰减（烈度损失）更小。

在远离板块边界处发生的地震被称为板内地震。引发板内地震的因素有很多。例如，在数十亿年前，当地壳碎片碰撞形成大陆时出现的古老断层系统，就可以在应力的作用下重新活跃。此外，一种被称为水力压裂的过程，即在高压下将一种溶液注入地下以提高油、气产量的方法，也导致了落基山脉东部最近地震活动的增加。幸好大多数这类地震都很弱。

地震震源的定位

当地震学家分析地震时，他们会首先确定震中，即震源正上方对应的地表点（见图4-1）。其中一种方法基于P波比S波传播速度快这一事实。

传播中的P波和S波类似于两辆赛车，一辆比另一辆快。最先到达的是P波，就像跑得更快的赛车一样，总是赢得比赛，会在第一个S波之前到达。赛程越长，它们到达终点（地震台）的时间差异就越大。因此，第一个P波到达与第一个S波到达之间的时间间隔越长，距离震中越远。图4-15显示了同一次地震的三幅简化的地震图。根据P-S时间间隔，纽约市、诺姆市和墨西哥城，哪座城市离震中最远？

定位震中的系统是在地震图的基础上建立起来的，这些震中很容易根据物理证据确定。根据这些地震图，人们绘制了走时图（见图4-16）。利用图4-15中纽约市的地震图样本和图4-16中的走时曲线，我们可以分三步确定地震台与震中的距离：

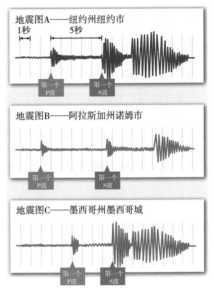

图 4-15　在三个不同地点记录的
同一次地震的地震图

· 第一步，利用纽约市的地震图。我们确定第一个P波到达与第一个S波到达之间的时间间隔为5分钟。

· 第二步，使用走时图。我们找到了P波曲线和S波曲线的垂直距离等于P-S时间间隔的位置（在这个例子中是5分钟）。

· 在第二步找到的位置处，画一条到水平轴的垂直线，读取该位置到震中的距离。

通过这些步骤，我们就能确定地震发生在距离纽约市地震台 3 700 千米的地方。

现在我们知道了距离，但方向呢？震中可能位于地震台的任何方向。这个问题可以使用一种叫作三角测量的方法来解决。如果我们知道从两个或更多个地震站到震中的距离，就可以确定震中的位置（见图 4-17）。在地图或地球仪上，我们在每个地震台周围以地震台到震中的距离为半径画一个圆，三个圆的交点就是这次地震的近似震中。

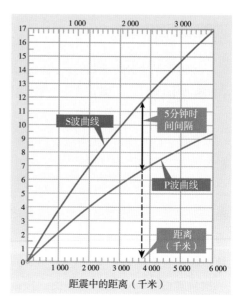

图 4-16　走时图

走时图可用来确定地震台距震中的距离。在图中所示的例子中，第一个 P 波和第一个 S 波到达的时间相差 5 分钟。

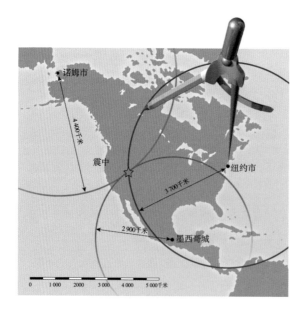

图 4-17　三角测量确定震中

这种方法利用从三个或更多个地震台距震中的距离来确定震中的位置。

Q3 人体为什么感受不到震级?

美国地质调查局开发了一个名为"你感觉到了吗"（Did You Feel It）的网站，经历了地震震动的网友们可以输入他们的邮政编码，并回答诸如"有东西从架子上掉下来吗"这样的问题。根据这些数据，几小时内，网站就可以生成一幅互联网社区烈度地图，比如图 4-18 所示的 2011 年发生在弗吉尼亚州中部的地震（里氏 5.8 级）。

地图上的绿点表示感受到相似震级地震的人所在的位置。这种差异是由基岩的硬度造成的

里氏6.0级地震
加利福尼亚州中部
2004年9月28日

里氏5.8级地震
弗吉尼亚州中部
2011年8月23日

当地时间
2011年8月23日
17:51:04
里氏5.8级
深度：6千米

美国地质调查局互联网社区烈度地图图例

烈度	I	II-III	IV	V	VI	VII	VIII	IX	X
震动	无感	弱	轻微	中等	强	很强	剧烈	强烈	极强
破坏	无	无	无	很轻	轻	中等	中等/强	强	很强

图 4-18　美国地质调查局互联网社区烈度地图

人们在互联网上回答诸如"有东西从架子上掉下来吗"的问题，根据答案的数据就可以得到这样的地图。
资料来源：USGS。

注意了，这个地图是烈度地图而不是震级地图，烈度是基于直接感受和观察到的财产损失来评估某个具体位置的地面晃动程度，"有震感"和"看到建筑物被破坏"都属于烈度的讨论范畴；震级则是依靠从地震图中收集的数据来估计震源释放的能量。

接下来，我们就具体来了解下地震学家用来描述地震大小的两个本质完全不同的度量标准——烈度和震级。

烈度表

直到 19 世纪中期，历史记录都只记载了有关地面震动及其造成的损失严重程度。也许人类第一次尝试用科学手段描述地震的后果是在 1857 年意大利大地震之后。通过系统测绘地震影响图，人们建立起一种地面震动烈度的衡量标准。在这项研究中，研究人员在绘图时，会用线条将受灾程度

> ◦ 你知道吗？
>
> 　1811—1812 年，新马德里发生地震时，一些地区下沉了 4.5 米。这种沉降使密西西比河以西的圣弗朗西斯湖得以形成，并使河流以东的里尔富特湖面积扩大。其他上升的地区在密西西比河的河床上形成了临时的瀑布。

相同的地区连接起来，因此也是将地面震动相同的位置连接了起来。通过这种方式，人们可以区分出不同震动烈度的区域，烈度最高的区域代表地面震动最大的位置，这些位置通常围绕着震中，但也并非全都如此。

在 1902 年，朱塞佩·麦卡利（Giuseppe Mercalli）制作了一种更可信的烈度表，直到今天我们仍在使用经过改进的该烈度表。表 4-1 展示了修正麦卡利地震烈度表，它是以加利福尼亚州的建筑为标准进行完善的。该表将地震烈度分为12 级，如果在某个地区，一些建造良好的木质建筑和绝大部分砖石结构都能被地震损毁，那么这种区域的地震烈度就被定为罗马数字的 X（10）级。

表 4-1　修正麦卡利地震烈度表

烈度	描述
I	只有极少数人在很特殊的情况下才能感觉到
II	只有少数人在处于静止状态时，尤其是在大楼高层时才能感觉到
III	在室内，特别是在大楼高层的人有明显的感觉，但绝大多数人不会意识到这是地震

续表

烈度	描述
Ⅳ	在白天，很多人在室内能感觉到，在室外很少有人能感觉到。感觉就像重型卡车在撞击建筑
Ⅴ	几乎所有人都能感觉到，很多人会从睡梦中惊醒。有时会发现树、电线杆以及其他较高物体的明显晃动
Ⅵ	所有人都能感觉到，很多人受到惊吓，跑出门外。一些较重的家具都发生了移动。有少数石灰掉落或者烟囱损坏的例子。会造成轻度损失
Ⅶ	所有人都跑出门外。设计和建造优良的建筑受到的损坏可以忽略不计，建造完好的普通建筑受到轻度到中度的损坏，建造和设计不良的建筑受到很大损坏
Ⅷ	特别设计的建筑也受到轻微损坏。普通建筑受到较大损坏，发生部分坍塌。设计不良的建筑几乎被完全损毁，如倾危的烟囱、工厂烟囱、柱子、纪念碑或墙壁等
Ⅸ	特殊设计的建筑也受到极大损坏。建筑物偏移地基。地面显著裂开
Ⅹ	大多数砖混和框架结构的建筑被损毁。一些设计精良的木质结构损毁。地面破裂严重
Ⅺ	几乎没有砖石结构建筑能屹立不倒。桥梁被损毁。地面上有很大的裂缝
Ⅻ	一切都被损毁。地表可见波动。物体被抛向空中

震级标度

为了更准确地比较地球上各处的地震，科学家找到一种方式来描述地震释放的能量，而且这种方法不依赖于建筑等因素，因为世界各地的建筑的坚固程度存在很大差异。

类里氏震级。1935 年，加州理工学院的查尔斯·里克特（Charles Richter）发明了第一个基于地震图的震级标度。此后，地震学家们完善了里克特的成果，并发展了其他类似于里氏震级的震级标度，我们接下来将研究这些震级标度。

如图 4-19 顶部所示，这些震级标度是通过测量地震图记录下来的最大地震波（通常是表面波）的振幅并进行计算得到的。由于地震波会随着震源和地震仪之间距离的增加而减弱，因此人们发明了一些方法来补偿随着距离的增加而引起的振幅减小。从理论上讲，只要使用相同的仪器，不同地点的地震台记录的同一次地震都应具有相同的震级。然而，在实践中，由于地震波所经过的岩石类型不同，对于同一次地震，不同地震台所获得的震级往往略有不同。

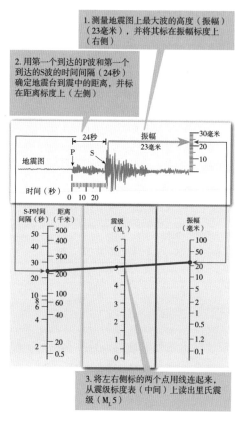

图 4-19　根据地震波确定地震的震级

　　地震的烈度差别非常大，并且强震产生的地震波振幅比弱震产生的地震波强几千倍。为了涵盖这种巨大的变化范围，震级标度会使用对数来表示震级，也就是地震波振幅增加 10 倍，则震级增加 1 级。因此，5 级地震造成的地面震动烈度是 4 级地震的 10 倍（见图 4-20）。

　　此外，震级每提高一级，地震释放的能量变为原来的 32 倍。因此，6.5 级的地震释放的能量是 5.5 级地震释放的能量的 32 倍，是 4.5 级的地震释放能量的约1 000 倍（32×32）。一次 8.5 级大地震释放的能量是人们能感觉到的最小等级的地震释放能量的数百万倍(见图 4-21)。

震级差异	地面震动差异(振幅)	释放的能量差异(近似)
4.0	10 000倍	1 000 000倍
3.0	1 000倍	32 000倍
2.0	100倍	1 000倍
1.0	10倍	32倍
0.5	3.2倍	5.5倍
0.1	1.3倍	1.4倍

图 4-20 震级对应的地面震动和释放能量情况

如果一次地震比另一次地震强一级(如 6 级地震和 5 级地震),则前者产生的地震波最大振幅是后者的 10 倍,释放的能量大约为后者的 32 倍。

震级(Mw)	每年平均	描述	例子	能量释放(爆炸当量千克数)
9	小于1	有记录以来最大的地震:大面积受损,巨大的生命损失	智利,1960年(9.5级) 阿拉斯加州,1964年(9.2级) 日本,2011年(9.0级)	56 000 000 000 000
8	1	超大地震:严重的生态冲击,重大生命损失	苏门答腊,2006年(8.6级) 墨西哥城,1980年(8.1级)	1 800 000 000 000
	15	大地震:损失(数十亿),生命损失	密苏里州新马德里,1812年(7.7级) 土耳其,1999年(7.6级) 美国南卡罗来纳州查尔斯顿,1886年(7.3级)	56 000 000 000
7	134	强震:在人口密集的区域可能带来灾难性损失	日本神户,1995年(6.9级) 加利福尼亚州洛马普列塔,1989年(6.9级) 加州北岭,1994年(6.7级)	1 800 000 000
6	1 319	中等地震:结构不良的建筑会遭到损坏	弗吉尼亚州米纳勒尔,2011年(5.8级) 纽约州北部,1994年(5.8级) 俄克拉何马州俄克拉何马市东部,2011年(5.6级)	56 000 000
5	13 000	轻型地震:屋内物体发生可见晃动,造成一些财产损失	明尼苏达西部,1975年(4.6级) 阿肯色州,2011年(4.7级)	1 800 000
4	130 000	小地震:人们能感觉到,如果造成了财产损失也非常轻微	新泽西州,2009年(3.0级) 缅因州,2006年(3.8级)	56 000
3	1 300 000	非常小的地震:人们能感觉到,不造成财产损失		1 800
2	未知	不确定 非常小的地震:人们几乎感觉不到,但可能被记录下来		56

图 4-21 不同矩震级的地震频率

　　用一个可以根据地震数据快速计算出来的数字就能描述地震大小,这种便利性使得震级表成为一个强大的工具。尽管类里氏震级很有用,但还不足以描述非常大的地震。举例来说,1906 年的旧金山大地震和 1964 年的阿拉斯加大地震有着近似相同的里氏震级,然而基于二者所影响区域的相对大小和涉及的构造变化,阿拉斯加大地震比旧金山大地震释放的能量多得多。因此,类里氏震级对于大型地震来说是饱和的,因为它们不能区分大型地震的震级差异。当然,虽然有这个弱点,人们仍在使用类里氏震级,因为计算过程很快。

矩震级。在测量中大型地震时，地震学家更喜欢用一种新的标度——矩震级（MW），它可以评估地震释放的总能量。矩震级是通过确定断层面上的平均滑移量、发生滑移的断层面面积和断层处的岩石强度来计算的。

矩震级也可以用从地震图中获得的数据进行建模计算。结果可转换为一个震级数字，这和其他震级标度一样。同样，矩震级每增加一级，释放的能量大约为上一级的 32 倍。

因为矩震级表比其他震级表能更好地估计大型地震释放的总能量，所以地震学家用矩震级重新计算了之前的大地震（见图 4-21）。比如，1964 年的阿拉斯加大地震，最初给出的是里氏震级 8.3 级，重新计算后矩震级上调为 9.2 级。相反，1906 年旧金山大地震的里氏震级为 8.3 级，重新计算后被降为矩震级 7.9 级。有记录以来最强的地震是 1960 年智利的大逆冲型地震，矩震级为 9.5 级。

Q4　什么样的建筑最容易在地震中倒塌？

2010 年 1 月 12 日，一场 7.0 级地震袭击了加勒比地区的小国海地，预计有 10 万～31.6 万人丧命。除了令人惊愕的死亡人数之外，有超过 28 万所房屋和商业建筑被毁损，这些建筑主要位于首都太子港及其周边地区。

有两个主要因素引发了这场灾难，一是地震深度较浅，在这种级别的地震中，地面晃动是非常严重的；二是建筑质量本身，这座城市建在松散的沉积物上，因此地面很容易在地震时发生震动。更重要的是，包括总统府在内的许多不合规建成的建筑都发生了倒塌或严重受损。

当地震释放的能量沿着地表传播时，它使地面以复杂的方式震动，既有上下运动也有左右运动。震动对人造建筑的损坏程度主要取决于以下几个因素：震动的烈度和持续时间；该区域的施工管理；建筑材料的性质。

烈度和持续时间。强烈地震（烈度最大的地震）比中等强度地震持续的时间更长。回想一下，初始的滑动始于震源，并以 2 ～ 4 千米 / 秒的速度沿断层表面向前传播。因此，一个 100 千米断层的破裂大约需要 30 秒，而一个 200 千米断层的破裂大约持续 1 分钟。所以，一次大型地震产生的晃动持续得更久，造成结构破坏就更大。

比如，1964 年阿拉斯加地震，作为北美洲有记录以来最强烈的一次地震，达到矩震级 9.2 级，震感持续了 3 ～ 4 分钟。相比之下，1989 年洛马普列塔地震为矩震级 6.9 级，属于中等烈度地震，震感只持续了不到 15 秒。

施工管理。结构工程师已经发现，在地震中，没有钢筋加固的砖砌结构建筑对生命和财产安全构成了极大威胁。相对来说，美国常见的木结构住宅建筑具有一定的抗震能力，因为它们在地震时可以弯曲，不容易倒塌。然而，地震也可能对它们造成一些结构性破坏，特别是如果这些建筑有砖砌的墙面或烟囱时。

不幸的是，在并不富裕的国家，绝大多数建筑都是由无钢筋混凝土和干泥砖建成的，对于像海地、尼泊尔和墨西哥这样的贫穷国家，这是导致地震死亡人数高的一个重要原因。同等烈度地震如果发生在经济发达地区，造成的伤亡要低于前者。例如，根据斯坦福大学结构工程师小组的研究，2017 年墨西哥城地震倒塌的建筑物中，有近 2/3 建筑使用的施工方法业已在美国、智利、新西兰等地被禁用。

地震波的放大作用和液化作用。地震震动的影响在一个地区可能有很大不同，这取决于建筑物下方的地面性质。例如，水饱和、松散的沉积物比坚固的基岩更能放大上下震动。1989 年洛马普列塔地震就是一个例证。虽然此次地震的震中位于加利福尼亚州圣克鲁斯山脉以南 100 千米处的偏远地区，但旧金山的海港区遭到了严重破坏，因为该区域建在水饱和的沙子和碎石组成的垃圾填埋场之上。1989 年的地震导致这个高档社区松散、浸水的地面转变成一种类似液体的物质，这种现象叫作液化。

当液化作用发生时，地面变得可移动，无法支撑建筑，地面下的各种储罐和下水道管线都可能会浮上地面（见图 4-22）。在海港区，地基被破坏，由沙子和水组成的间歇泉从地面喷出，这些都是发生液化的证据（见图 4-23）。据统计，海港区有超过 70% 的建筑发生了崩塌或严重损坏。

地震不仅会直接导致建筑物坍塌、人员伤亡，还会导致山体滑坡、地面沉降、火灾、海啸等次生灾害。

图 4-22　液化对建筑的影响

这座倾斜的建筑坐落在松散的沉积物上，在 1964 年日本地震发生时，这些沉积物就像流沙一样。资料来源：AFP/Getty Images。

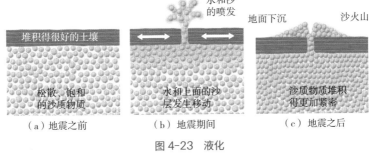

图 4-23　液化

这些沙火山是在 2011 年新西兰克赖斯特彻奇地震期间，当沙和水组成的"间歇泉"从地面喷涌而出时形成的。这表明发生了液化作用。

资料来源：Diarmuid/Alamy Stock Photo。

山体滑坡与地面沉降

与地震有关的最大的灾难通常由山体滑坡和地面沉降引发。2015 年尼泊尔中部陡峭的喜马拉雅山脉发生的 7.8 级地震就是这种情况。此次地震造成了超过 10 000 处滑坡，河流被堵塞，道路、房屋和其他重要的基础设施遭到破坏。一些专家估计，滑坡可能发生在更高处。地震还引发了珠穆朗玛峰的滑坡，导致 19 名徒步旅行者和夏尔巴人向导丧生。地震停止时，滑坡并未停止。被地震严重破坏的山体，在之后一段时期的暴雨和余震中会继续下滑。

最大、最具破坏性的山体滑坡将尼泊尔的朗塘村掩埋在巨大的冰块和岩石之下（见图 4-24）。随着 500 米高的部分山坡垂直坠落到谷底，最初发生的雪崩裹挟着大量的岩石碎片倾泻而下。这次山体滑坡导致 200 万立方米的岩屑移位，掩埋或摧毁了村里几乎所有房屋，近一半村民死亡，还有几位外国旅行者也在这个热门的徒步旅行地丧生。

（a）地面图

（b）俯视图

图 4-24　由地震引发的山体滑坡掩埋了朗塘村

资料来源：USGS。

火灾

一个多世纪前，旧金山是美国西部的经济中心，主要是因为这里有金矿和银矿。1906 年 4 月 18 日黎明，这里发生了一次强烈的地震，并引发了大火。城市的大部分都化为灰烬和废墟。据估计，地震和火灾总共造成 3 000 人死亡，20 多万人无家可归。

旧金山大地震让我们见识到了地震引发的火灾的巨大威胁。当时天然气管道和电线被地震悉数切断。一开始的地面震动也使输水管道破裂成数百段，这使得火势几乎无法控制。大火在失控的情况下烧了三天三夜，最终，人们使用扑灭森林火灾的方法，人为地炸毁了凡内斯大道上的高档建筑物，隔离了火势，这才有效地控制了火情。

旧金山大火造成的死亡人数较少，但其他地震所引发的火灾造成的破坏则要大得多，夺去的生命也更多。例如，1923 年的日本大地震共计引发了大约 250 起火灾，摧毁了整个横滨市以及东京一半多的房屋。在这些由异常强风所引发的火灾中，共计约有 10 万人丧生。

海啸

强烈的海底地震可能会引发一系列巨浪，这种巨浪在日文中被称为 tsunami（意为"港口的波浪"，即海啸）。大多数海啸都是由海底大型逆冲断层的位移引起的，这种位移会突然使一大片海底板片发生抬升（见图 4-25）。海啸一旦产生，就像把一颗鹅卵石扔进池塘里形成的一圈圈涟漪。然而与涟漪不同的是，海啸会以惊人的速度穿越海洋，大约为 800 千米/时，相当于一架商业客机的巡航速度。尽管其速度惊人，但在公海上，海啸的传播通常并不容易引起注意，因为它的高度（振幅）通常不到 1 米，波峰之间的距离为 100～700 千米。

然而，当这些破坏性的波浪进入海岸的浅水区时，水体就几乎"触底"，并因底部的摩擦而变慢，导致水体堆积（见图 4-25）。一些罕见的海啸的高度能达到 20 米。当海啸的浪峰接近海岸时，表现为海平面迅速上升，水体表面混乱而动荡。这种海啸通常不像是一组破碎波（见图 4-26）。

你知道吗？

虽然没有陨石撞击海洋引发海啸的历史记录，但这样的事件确实发生过。地质证据表明，最近的一次事件发生在 1500 年左右，一场巨大的海啸摧毁了澳大利亚海岸的部分地区。6 600 万年前，墨西哥尤卡坦半岛附近的陨石撞击引发了史上最大规模的海啸。巨浪席卷了墨西哥湾沿岸数百千米的内陆地区。

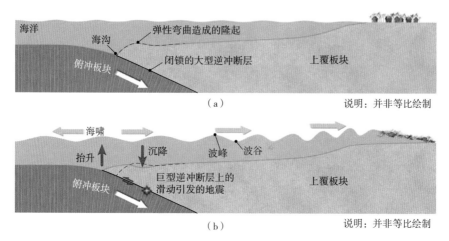

说明：并非等比绘制

（a）

说明：并非等比绘制

（b）

图 4-25　地震期间海底位移如何引发海啸的过程

图（a），地震前：当一个大型逆冲断层处于闭锁状态时，俯冲板块会逐渐拖曳并使上覆板块的前缘发生弯曲，有时会在海底产生隆起。图（b），地震期间：在一次大型逆冲断层地震期间，上覆板块朝着海面和向上的方向骤然移动，而该区域向陆地一侧的海底则发生拉伸和下沉。这些快速的垂直运动引发了由一连串波浪组成的海啸。

图 4-26　苏门答腊岛海岸附近的海啸

资料来源：AFP/Stringer/Getty Images。

　　海啸即将来临的前兆通常是海水迅速从沙滩退去，这是因为第一个巨浪的波谷出现在波峰之前。太平洋岛国的一些居民已经熟悉了这一前兆，因而会迅速转移到地势较高的位置。退潮后约 5 ～ 30 分钟，巨浪就会出现，它们携带的海水能向内陆延伸数千米。在随后的一段时间内，海水会经历数次涨潮和退潮。因此，即便第一波洪水已经退却，人们也不应该回到岸边。

2004 年印度尼西亚地震引发的海啸灾难。 2004 年 12 月 26 日，苏门答腊岛附近发生了一次矩震级 9.1 级的海底地震，海浪席卷了印度洋和孟加拉湾。此次海啸是现代最致命的自然灾害之一，夺走了超过 23 万人的生命。洪水向内陆推进了几千米，汽车和卡车就像浴缸里的玩具一样被抛来冲去，许多渔船撞进了房屋。在一些地区，退潮将尸体和大量碎屑拖回海洋。

海啸的破坏是无差别的，它不仅冲垮了印度洋沿岸的豪华度假村，也席卷了贫穷的小渔村。据报道，就连远在震中以西 4 100 千米的非洲索马里也都受到了影响。

日本海啸。 由于日本地处环太平洋带，又有着极其广阔的海岸线，因此极易受到海啸的破坏。自现代地震学建立以来，袭击日本的最强地震是 2011 年的日本大地震（矩震级 9.0 级）。这次地震和由此引发的毁灭性海啸造成了至少 15 890 人死亡、3 000 多人失踪、6 107 人受伤。

发生在日本东北部的这次大地震造成了大量人员伤亡和财产损失，这主要是由太平洋范围内的海啸造成的，海啸的最高高度约为 8.5 米，在日本仙台地区，向内陆推进了 10 千米（见图 4-27）。根据物理证据，海啸可以淹没的最高陆地高度（波浪爬高）几乎是海啸高度的 2 倍，能达到海平面以上 15 米。此外，此次海啸还导致日本福岛第一核电站的电力供应故障和冷却机制失灵，3 个核反应堆发生熔毁。

海啸预警系统。 1946 年，一场大海啸毫无征兆地袭击了夏威夷群岛。超过 15 米高的巨浪将几个沿海村庄夷为平地。此次灾难促使美国海岸和大地测量局建立了环太平洋海啸预警系统，目前已有 26 国加入。各个地区的地震站在观测到大地震后会向火奴鲁鲁的海啸预警中心报告。预警中心的科学家使用配有压力传感器的深海浮标来探测地震释放的能量。此外，潮汐测量仪还会测量海啸导致的海平面起伏，并在一小时内发出警报。这样，即便海啸移动得再快，也能留出足够的时间向震中以外的人发出警报。

图 4-27　2011 年 3 月的日本海啸

2011 年，日本北部地区发生矩震级 9.0 级大地震，随后引发的大规模海啸冲破了海堤，摧毁了日本宫古市。

资料来源：Jiji Press/Afp/Getty Images。

例如，阿留申群岛附近形成的海啸到达夏威夷需要 5 小时，智利海岸形成的海啸到达夏威夷则需要 15 小时（见图 4-28）。

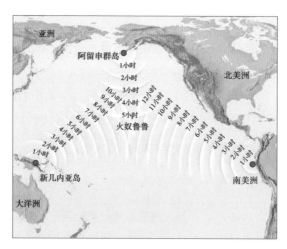

图 4-28　海啸传播时间

海啸从太平洋的某几个点传播到夏威夷州火奴鲁鲁所用的时间。

Q5 我们如何通过地震波"看到"地球内部？

了解地球内部最好的方法就是挖一个洞或钻一个孔，进行直接探测。然而，这个设想只能探测很浅的地底。迄今为止，钻机所达到的最大深度也只有12.3千米，大约是地球半径的1/500！即便如此，这也是一项非凡的成就，因为温度和压力都会随着深度的增加而快速上升。既然直接探测行不通，我们就必须找到其他方法来"透视"地球。

每年大约有3 000场大地震（矩震级大约5.5级或更高）在地球内传播，并被全球各地的地震台记录下来（见图4-29）。强烈地震产生的P波和S波就像医学所用的超声波扫描一样，为科学家提供了"透视"地球内部的方法。

利用地震台记录的地震波来观察地球内部结构是一种挑战。地震波不是沿直线传播的；相反，它们在经过地球时会发生反射、折射和衍射。它们在不同

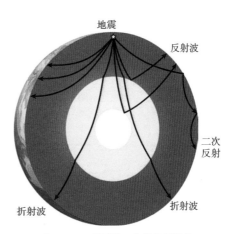

图 4-29　地震波可能的传播路径

层之间的边界发生反射；当从一层到另一层时，它们会折射（改变方向）；在遇到障碍物时，它们会围绕障碍物沿着弯曲的路径发生衍射（见图4-30）。地震波的这些不同行为都可以用来识别地球内部的界面。

P波和S波在地球内部的传播速度很大程度上取决于它们经过的介质的性质。一般来说，当岩石坚硬（刚性）或压缩性较差时，地震波传播最快。当岩石被加热时，它会变得不那么坚硬（想象一下加热一块冷冻的巧克力棒），地震波通过它的速度会变慢。这些刚度和压缩性特征就能用来解释温度，也就表明了不同深度的岩石接近其熔点的程度。具体来说，当P波穿过熔融或部分熔融的岩石时，

它们的传播速度要比在固体岩石中慢得多。此外，要记住，S 波无法通过液体传播。由于 S 波不能穿过外核，我们推断外核处于熔融状态。因此，地震波的传播速度可以帮助我们确定地球内部岩石的种类和岩石的温度。

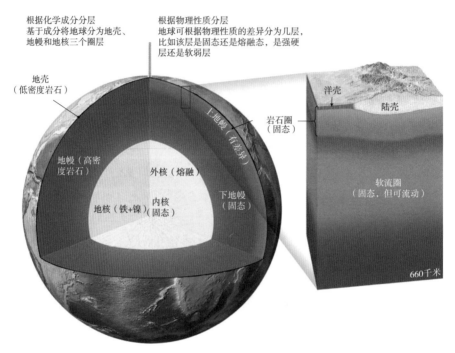

图 4-30　地球的圈层

地球内部的结构，划分依据是化学成分（左）和物理性质（右）。

那么在地震波的帮助下，我们能窥见地球内部的样子吗？

如果把地球切成两半，我们首先会注意到它具有不同的分层。密度最大的物质（金属）聚集在中心，轻一些的固体（岩石）构成中间层，密度最小的液体和气体则处于最外层。我们知道，在地球内部，这些层分别是铁质地核（中心）、岩石构成的地幔和地壳（中间层），以及液态的海洋和气态的大气（外层）。

地球分层结构的形成

由于一种被称为星云的巨大的尘埃和气体云团发生了引力坍塌，地球和太阳系在近 50 亿年前开始形成。随着物质积累形成地球，星云碎片的高速撞击和放射性元素的衰变使我们这颗星球的温度不断上升。在这段高温时期，地球的温度高到足以使铁和镍开始熔融。熔融产生了液态的重金属，这些金属液滴向地球的中心下沉。在地质时间尺度上，这一过程的发生非常迅速，最终形成了高密度的富铁地核。

早期的升温还导致了另一种被称为化学分异的过程，熔融形成了漂浮的熔岩团，它们上升到地表，凝固成原始地壳。这些岩石物质富含氧和亲氧元素，尤其是硅和铝，以及少量的钙、钠、钾、铁和镁。此外，一些重金属，如金、铅和铀，它们的熔点较低，或者在上升的熔融物质中有较高的溶解度，因此从地球内部转移并集中到了正在形成的地壳中。这一早期的化学分异过程奠定了地球内部的三层基本结构：富铁地核；薄薄的原始地壳；最厚的一层，即位于地核和地壳之间的地幔。

地球的地壳、地幔和地核这三个组成不同的层还可以根据物理性质进一步细分。划分这些区域时所依据的物理特性包括各层的状态（固体或液体），以及它的刚性强弱。了解地球分层的化学和物理性质，对于我们理解基本的地质过程是非常重要的，例如火山活动、地震和造山运动（见图 4-30）。

地球的层状结构

结合来自无数研究的数据，我们可以逐层了解地球内部的结构和组成（见图 4-30）。

地壳。地壳是岩质外壳，可分为两种类型：陆壳和洋壳。陆壳和洋壳的组成、历史及年龄差异都非常大。

洋壳要比陆壳年轻得多（1.8 亿年或更短），比大陆薄，密度也更大。而且，比起陆壳，洋壳组成更接近地幔。洋壳厚度大约有 7 千米，并且沿着洋脊系统不断有新的洋壳形成。洋壳的密度约为 3.0 克 / 立方厘米，其上部由深色火成岩玄武岩组成，下部由辉长岩组成。

与洋壳不同，陆壳由许多类型的岩石组成。虽然上地壳的平均成分是花岗闪长岩（一种长英质岩石），但其组成和结构在世界各地有相当大的差异。

陆壳平均厚度约为 40 千米，但在喜马拉雅山脉和安第斯山脉等地，厚度可能超过 70 千米。此外，陆壳的平均密度约为 2.7 克 / 立方厘米，远低于地幔岩石的密度。陆壳相比地幔的密度要低，这解释了为何它们可以浮在地幔上方，就像覆盖在构造板块上方的巨大漂浮筏，以及为何陆壳无法轻易俯冲进地幔。根据放射性同位素定年法，已经发现了年龄超过 40 亿年的大陆岩石。

地幔。地球超过 82% 的体积都是地幔，这是一种固态的岩石质圈层，从地壳向下延伸到约 2 900 千米的深度（见图 4-30）。因为 S 波能轻易穿过地幔，所以我们知道它是固态的岩石层。然而，尽管地幔岩石是固体，但它非常热，能以很低的速度发生流动。

在地壳与地幔的边界处，物质的化学成分有显著的变化。火山喷发带到地表的岩石已经表明，上地幔顶部主要由橄榄岩组成，其中镁和铁的含量比洋壳和地壳中的要高。

上地幔从壳－幔边界向下延伸到约 660 千米的深度。上地幔又可分为两个部分。最顶部的地幔被称为岩石圈地幔，其厚度从洋脊下方的几千米到 200 多千米不等。地幔最顶部和地壳共同组成了地球的刚性外壳，也就是岩石圈。

岩石圈地幔下方是一个不牢固的软弱圈层，叫软流圈。岩石圈地幔和软流圈的成分相似。但地幔最顶部是刚性层，而软流圈是软弱层，这与地球的温度结构有关。由于软流圈和岩石圈实际上是彼此分离的，因此岩石圈可以在软流圈上方独立移动。

从 660 千米深度到 2 900 千米深的地核顶部是下地幔。因为地幔中的压力随着深度增加而变大（因为上覆岩石的重量），所以地幔的硬度也随着深度变大而增加。

地核。地核的主成分是铁和含量未知的镍，还含少量的氧、硅、硫——这些都是容易与铁形成化合物的元素。由于地核中的压力非常高，这种富铁物质的平均密度是水密度的 10 倍以上，即 10 克 / 立方厘米以上。地心的密度大约是水的 13 倍，也就是 13 克 / 立方厘米。

外核是一层 2 270 千米厚的熔融态的富铁层。外核性质的发现源于研究人员注意到 P 波速度在穿过核幔边界时急剧下降，而 S 波不传播。在这一区域内，金属铁的对流产生了地磁场。

地球的中心是内核，一个半径为 1 216 千米的固态致密金属球。虽然内核的温度非常高，但由于地球中心存在着巨大压力，所以内核是固体。

Q6　岩石为什么会像铅笔一样被折断？

从我们的日常经验中，我们知道玻璃制品、木制铅笔、瓷盘，甚至我们的骨头，当它们受到的力超越承受极限时，都会发生脆性变形。坚硬的岩石甚至地壳也会同样如此，不过它们不仅会发生脆性变形，还会发生弹性变形和韧性变形。

变形的类型

岩石可发生三种变形（应变）：弹性变形、脆性变形和韧性变形。

弹性变形。如果你打开一扇装着弹簧的门，当你松开门时，弹簧会把门关上并恢复到原来的形状。弹簧发生了弹性变形：它在应力（用来开门的力）的作用下暂时变形；当应力被移除时，它又恢复到原来的形状。矿物颗粒中化学键的作用就像弹簧：当它们发生弹性变形时会被拉伸而不是断裂，当压力移除后，化学键又会迅速恢复到原来的长度。

脆性变形。当变形超过岩石的强度，即岩石的变形超过了它的弹性能力，岩石要么破裂，要么发生永久弯曲。破碎成小块的岩石表现出脆性变形。当应力破坏了将物质聚合在一起的化学键时，就会发生脆性变形。

韧性变形。当物体发生形变而没有破裂时，我们就说它发生了韧性变形。你在揉捏黏土或太妃糖时，就是在使其发生韧性变形。岩石韧性变形的机制前文已介绍过，主要是沿着岩石内软弱表面的滑动和矿物颗粒的逐渐变形。即使岩石依旧保持固态，这些过程也能使岩石产生非常缓慢的流动。复杂褶皱就是韧性变形的一个例子。

要想探究岩石变形的奥秘，我们还要了解导致岩石变形的原因。

什么导致了岩石变形

构造力可以使岩石发生移动、倾斜或变形。比如，相互碰撞的板块可以使平坦的海相灰岩矿床发生抬升，将其暴露于地表，使其发生旋转而呈高角度倾斜，或者挤压岩层使其变成褶皱。总之，各种形式的变化都被称为变形。岩石变形主要由构造力引起，主要发生在板块边界处，也就是岩石圈板块发生相互挤压、分离或摩擦的地方。

当岩石暴露在地表时，就可以观察到它们特有的变形方式（见图 4-31）。比如，图 4-31 中的褶皱代表了在深度压缩力作用下的典型响应。地质学家们用"构造结构"或"地质构造"来表示可以观察到的、反映岩石构造历史的构造形迹。

本章将研究三种类型的构造结构：褶皱（岩层在不破碎的情况下重塑）、断层（两侧岩石发生相对运动的裂缝）、节理（岩石中的裂缝）。

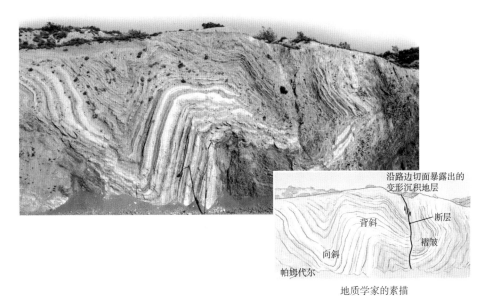

沿路边切面暴露出的
变形沉积地层

背斜

向斜

断层

褶皱

帕姆代尔

地质学家的素描

图 4-31　变形的沉积地层

加利福尼亚州帕姆代尔附近的路边切面处暴露出变形的地层。除了明显的褶皱外，浅色的岩层还沿着照片右侧的断层发生了偏移。

要了解岩石变形，我们首先应进一步了解应力和应变的概念。

应力：变形的原因。到目前为止，我们一直说构造力导致变形。更准确地说，岩石响应的是应力，其中还涉及力作用的面积（应力 = 力 / 面积）。前文提到，施加在所有方向上的相同的力叫作围压；这种力可以压实矿物颗粒，使岩体的体积变小（见图 4-32a）。然而，围压不会引起变形，变形是由差应力引起的，即力在一个方向上较强，而在另一个方向上较弱。

我们将讨论三种差应力：压应力、张应力和剪应力。从宏观角度来看，每种应力都对应着一种板块边界。

- **压应力**。压应力就像老虎钳一样挤压着岩体（见图 4-32B）。压应力通常和汇聚型板块边界有关。当两个板块相撞时，地球的地壳常常在水平方向收缩，在竖直方向变厚。经过数百万年，这种变形就形成了如今的山脉地形。
- **张应力**。使岩石向两边分开的差应力被称为张应力（见图 4-32C）。沿着板块相互分离的离散型板块边界，张应力将岩体在水平方向上拉伸变长，在垂直方向上变薄。例如，在北美洲西部的盆岭省地区，地壳因张应力而发生破裂并几乎被拉伸至原有长度的 2 倍。
- **剪应力**。这种能使岩石发生剪切的差应力，会使岩石的一部分相对于另一部分发生移动（见图 4-32D）。剪切作用类似于一叠扑克牌的顶部相对于底部移动时，发生在单张扑克牌之间的滑动。剪应力在转换断层边界发挥着重要作用，比如在圣安德烈亚斯断层，剪应力使大部分地壳发生相互水平滑动。

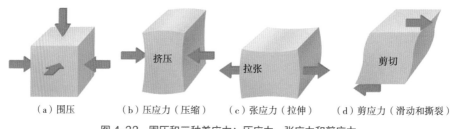

（a）围压　　（b）压应力（压缩）　　（c）张应力（拉伸）　　（d）剪应力（滑动和撕裂）

图 4-32　围压和三种差应力：压应力、张应力和剪应力

应变：应力造成的变形。差应力可以通过使岩体发生移动、倾斜和（或）形变而使其变形。当差应力改变岩石形状时，造成的变形就被称为应变。通过观察和测量施加在岩体上的应变，我们就能推测使岩石变形的差应力类型。

初生的造山带往往会以陡坡和高地的外观，屹立于周围的景观之中。当抬升这些山脉的构造力量停止后，在随之而来的漫长地质年代内，风化和侵蚀将逐渐消磨它们，直到它们与周围的地形海拔一致。即使到那时，这些山岳的岩石仍然保留着一些线索，让我们可以一窥它们以前的宏伟，并探究创造它们的力量。

褶皱

沿着汇聚型板块边界,平坦的沉积岩和火山岩常被弯曲成一系列波浪状起伏,这被称为褶皱。沉积地层的褶皱很像拿着一张纸的两端,然后把它们推挤到一起形成的结构。在自然界中,褶皱有各种大小和形状。有些褶皱的弯曲宽度较大,几百米厚的地层都发生了轻微弯折。另一些则是出现在变质岩中的非常紧密的微观构造。尽管大小不同,大多数褶皱都是由压应力引起的,正是这些力使得地壳变短变厚。

向斜和背斜

两种最常见的褶皱类型是背斜和向斜(见图 4-33)。背斜通常是由沉积层的上弯或拱起形成的,有时高速公路穿越的变形地层中就会有引人注目的背斜出现。横褶皱或低槽几乎总是与背斜相关,它们被称为向斜①。背斜的翼也是与之相邻的向斜的翼(见图 4-33)。

根据这些基本褶皱两翼的方向,当它们互为镜像时,我们称这种褶皱是对称褶皱。如果两翼方向非镜像关系,则称褶皱为不对称褶皱。如果褶皱一翼或两翼的倾斜角度都超过了直角,则称之为倒转褶皱(见图 4-33)。一个倒转褶皱也可以"侧卧",因此穿过褶皱轴线的平面是水平的。这种横卧褶皱在阿尔卑斯山脉等高度变形的山区很常见。

穹窿和盆地

基岩的广泛向上挠曲,会使沉积地层的覆盖层发生变形,产生较大的褶皱。当这种向上的挠曲形成一种圆形或拉长的构造时,这一地貌就被称为穹窿。具有

---

① 根据严格定义,背斜是指中心地层最老的构造。这通常发生在向上褶皱的地层中。向斜的定义是中心地层最年轻的一种构造,这种构造通常在地层向下折叠时出现。

相似外形的向下挠曲的构造则被称为盆地。

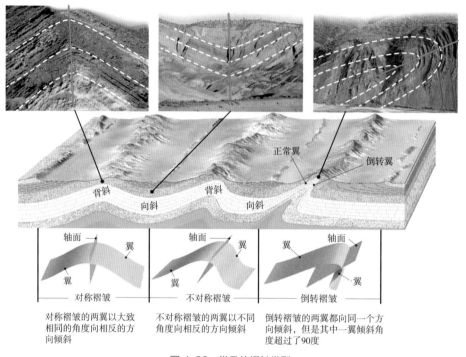

图 4-33　常见的褶皱类型

上拱的构造，即中间向上的褶皱，应属于背斜。背斜的两翼彼此背离。中部横褶皱是向斜，向斜的两翼彼此相向。

资料来源：右图，Michael Collier。

南达科他州西部的布莱克山由一个巨大的穹窿构造组成，它被认为是由向上挠曲导致的。侵蚀消除了隆起沉积层的最高部分，露出了中心较老的火成岩和变质岩（见图 4-34）。这些曾经连续的沉积层现在残留于山脉结晶核的侧面。

美国有几个大盆地。密歇根州和伊利诺伊州的盆地具有非常平缓的倾斜地层，类似于碟状。这些盆地被认为是由于大量沉积物堆积而导致地壳下沉形成的。

由于大型盆地通常包含低角度倾斜的沉积层，因此一般根据组成盆地的岩石的年龄来进行确定。最年轻的岩石出现在中心附近，而最古老的岩石位于两翼。这与穹窿构造正好相反，如布莱克山，其最古老的岩石构成了核部。

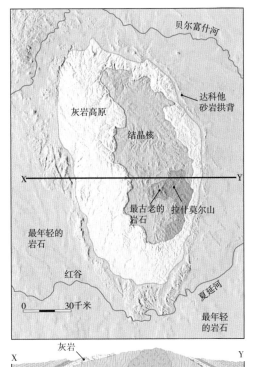

X—————————Y

贝尔富什河

达科他砂岩拱背

灰岩高原

结晶核

最古老的岩石　拉什莫尔山

最年轻的岩石

红谷

夏延河

0　　30千米

最年轻的岩石

灰岩

片岩　花岗岩

图4-34　巨大的穹窿
南达科他州北部的莱克山的结晶核由抗侵蚀的前寒武纪火成岩和变质岩组成。围岩主要为较晚形成的灰岩和砂岩。

单斜

虽然我们对褶皱和断层的讨论是分开的，但褶皱可以与断层形成特殊的组合。典型的例子包括科罗拉多高原特殊的地貌，这种地貌被称为单斜，是出现在水平沉积地层中的大型阶梯状褶皱（见图4-35）。位于高原地下的基岩中陡倾的古老断层发生重新活动，于是制造出了这些褶皱。当大块的基岩向上移动时，基岩上方韧性相对较强的沉积地层会弯曲着覆盖在断层上，就像铺在台阶上的衣服一样。沿这些重新活动的断层发生的位移通常能超过1 000米。

在科罗拉多高原发现的单斜包括东凯巴布单斜、拉普利背斜、水袋褶皱，以及圣拉斐尔隆起。如图 4-35 所示，倾斜沉积层曾经形成了一个连续的水平层，它覆盖了科罗拉多高原的大部分地区。

图 4-35　亚利桑那州的东凯巴布单斜
这一单斜由弯曲的沉积层组成，下方基岩的断层作用是沉积地层变形的原因。曾经在沉积层中延伸的倾斜地层现在露出了地表，这表明该地区的大量岩石遭到了侵蚀。

资料来源：Michael Collier。

断层

脆性变形会引起岩石物质的破裂。地壳中发生可觉察位移的裂缝被称为断层。有时，我们能够在道路的截面中识别出使沉积层偏移了几米的小断层，如图 4-36a 所示。这种尺度的断层通常呈现离散的突变断裂。相比之下，像加利福尼亚州圣安德烈亚斯断层这样的大断层，其位移长达数百千米，由许多相互连接的断层面组成。这些断层带可能有几千米宽，从空中拍摄的照片上看，要比在地面上更容易辨认。

倾滑断层

运动与断层面倾角大致平行的断层被称为倾滑断层（dip-slip fault）。我们通常把位于断层上方的岩石称为上盘，把紧靠断层下方的岩石称为下盘（见

图 4-36B）。这些名称最初是由采矿者和矿工使用的，他们沿着不活动的断层带挖出竖井和隧道，以便发掘矿床。在这些隧道中，矿工们会在矿化断层带下面（下盘）的岩石上行走，并把灯笼挂在上面（上盘）的岩石上。

沿倾滑断层的垂向位移可能会产生又长又低的悬崖，被称为断层崖。如图 4-36b 所示，断层崖是由导致地震的位移产生的。

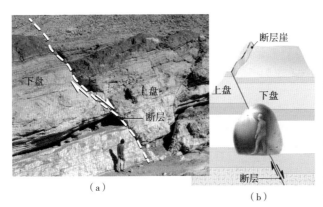

（a）

（b）

图 4-36 上盘和下盘

断层面正上方的岩石为上盘，下方岩石为下盘。这些名字来自沿断层带开采矿床的矿工。矿工们把灯笼挂在断层上方（上盘）的岩石上，行走于断层下方（下盘）的岩石上。

资料来源：图（a），Marli Miller。

正断层。当上盘相对下盘向下移动时，倾滑断层被称为正断层（见图 4-36b）。由于上盘向下运动，因此正断层可承受地壳的伸展或拉张。

正断层的大小各不相同。有些小断层的位移只有一米左右，就像图 4-36a 的道路截面所示的裂缝。然而，有的正断层长达 10 千米，可能沿着山前的边界蜿蜒地延伸。大多数大型正断层具有相对陡峭的倾角，并倾向于随深度增加而逐渐变得平坦。

断块山。在美国西部，大型正断层与被称为断块山的构造密切相关。在盆岭省，即内华达州和周边各州的部分地区，可以找到断块山的绝佳例子（见图 4-37）。这里的地壳被拉伸，并断裂形成了 200 多个相对较小的山脉。这些山脉平均长约 80 千米，比邻近的断陷盆地高 900 ～ 1 500 米。

　　盆岭省的地形与大致呈南北走向的正断层系统有关。沿这些断层的运动塑造出交替上升和下降的断层块，分别被称为地垒和地堑。地垒形成了隆起的地形，地堑形成了盆地。如图 4-37 所示，倾斜的断块也对盆岭省的地形起伏变化有重要作用。在这种环境中，断层块下降的一侧被称为半地堑，对应着山谷。地垒和倾斜断块更高的一端是附近盆地中沉积物的来源。

　　在图 4-37 中，我们还应注意到，正断层的坡度随着深度增加而降低，最终汇聚成一个近乎水平的断层——拆离断层（detachment fault）。这种断层是下方韧性变形岩石和上方脆性变形岩石的主要边界。

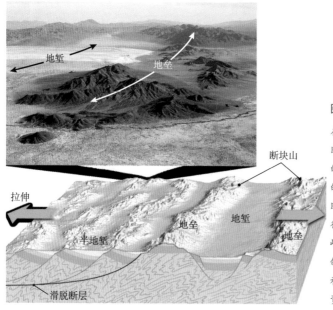

图 4-37　盆岭省的正断层作用

在这里，张应力使地壳拉长并断裂成无数块。沿着这些断层的运动使地块倾斜，形成平行的山脉，被称为断块山。下行断块（地堑）形成盆地，而上行断块（地垒）被侵蚀形成崎岖的山地地貌。此外，大量倾斜地块（半地堑）形成了盆地和山脉。

资料来源：Michael Collier。

　　断层运动为地质学家提供了一种确定地球内部构造力性质的方法。正断层与将地壳拉开的张力有关。这种"拉伸"可能是由导致地表拉伸和断裂的上升流引起的，也可能是由方向相反的水平力引起的。

　　逆断层和逆冲断层。 上盘相对下盘上移的倾滑断层被称为逆断层（见

图 4-38）。正断层发生在张性环境中，而逆断层形成于强烈的压应力。由于上盘相对于下盘向上运动，因此逆断层可以调节地壳水平缩短。

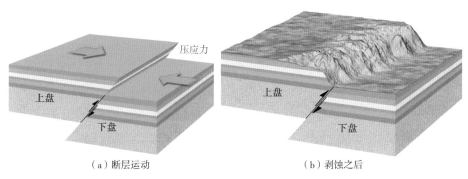

（a）断层运动　　　　　　　　　（b）剥蚀之后

图 4-38　逆断层

压应力使一块岩体运动到另一块上方时，就形成了逆断层。

逆冲断层是一种倾角小于 45 度的常见逆断层，其上覆岩石可以在下方岩石的顶部滑动。而大部分高角度逆断层规模都较小，逆冲断层则有各种大小，某些大型逆冲断层的位移可以达到数十到数百千米。在阿尔卑斯山脉、北落基山脉、喜马拉雅山脉和阿巴拉契亚山脉这样的山区，逆冲断层使邻近岩石单元的地层位移高达 100 千米。这种大规模运动导致较老的地层直接覆盖在年轻地层之上。

逆冲断层作用在俯冲带中最为显著，该区域的海洋岩石圈下沉进入地幔。此外，在板块相互碰撞的汇聚型板块边界，逆冲断层作用也很显著。压应力逐渐制造出褶皱和逆冲断层，导致地壳增厚、变短。

走滑断层

主位移水平且走向平行于断层表面的断层被称为走滑断层（见图 4-39a）。关于走滑断层的最早的科学记录是导致大地震的地表断裂，包括 1906 年旧金山大地震。在这次强烈的地震期间，建在圣安德烈亚斯断层上的栅栏等建筑发生了高达 2.5 米的位移（见图 4-2）。由于沿圣安德烈亚斯断层的移动，当你站在断层一侧时，对面的地壳块向右移动，因此该断层被称为右旋走滑断层（见图 4-39b）。

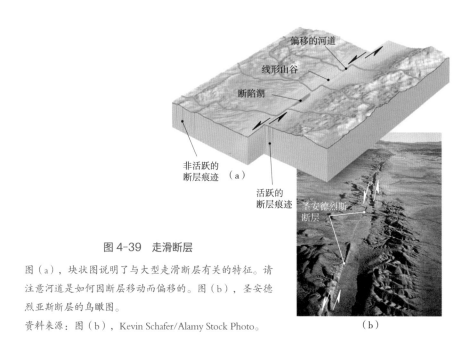

图 4-39　走滑断层

图（a），块状图说明了与大型走滑断层有关的特征。请注意河道是如何因断层移动而偏移的。图（b），圣安德烈亚斯断层的鸟瞰图。

资料来源：图（b），Kevin Schafer/Alamy Stock Photo。

苏格兰的大格伦断层显示出相反的位移，它是一个著名的左旋走滑断层。据估计，沿大格伦断层的总位移超过了 100 千米。与这条断层痕迹相关的还有许多湖泊，包括传说中水怪的故乡：尼斯湖。

一些走滑断层会切穿岩石圈，并且承受两个构造板块之间的运动，这就是转换断层。许多转换断层切穿了大洋岩石圈，并连接起了洋脊的各个部分。其他的则能承受大陆板块之间相对彼此的水平位移。一个最著名的转换断层就是圣安德烈亚斯断层（见图 4-39）。

节理

与断层不同，节理是没有发生可察觉的位移的裂缝。大多数节理的形成是因为地壳中存在几乎察觉不到的局部向上挠曲和向下挠曲，这使得地表附近的岩石因脆性断裂而破裂。

节理通常由两组甚至三组交叉的裂缝组成，这些裂缝将岩石切割成许多形状规则的块体。这些节理组常常对其他地质过程产生强烈的影响。比如，化学风化作用往往沿着节理面发生，节理模式还会影响地下水在地壳中的运移方式。

我们已经讨论了一种结论。前文提到，层状侵蚀产生了一种轻微弯曲的节理模式，它或多或少与出露的大型火成岩体（如岩基）表面平行。在这种情景中，当侵蚀移除掉上覆的负荷时，岩体会逐渐膨胀，这一过程导致了节理的形成。

Q7　为什么说喜马拉雅山脉是"年轻的山脉"？

喜马拉雅山脉在 5 000 万年前开始生长，它相对于形成于过去 1 亿年的山脉而言，简直太年轻了。实际上，在最近的地质历史中，世界上许多地方都发生过造山运动，也出现了和喜马拉雅山脉处于"同年龄段"的山脉。

年轻造山带包括美洲的科迪勒拉山脉（Cordillera，意为"脊柱"或"脊椎骨"），它沿着美洲的西部边缘，从南美洲最南端延伸到阿拉斯加州，囊括安第斯山脉；阿尔卑斯－喜马拉雅山系带，它沿着地中海边缘延伸，穿过伊朗，到达印度北部，进入中印半岛。年轻的造山带还包括西太平洋山岳地形，包括日本、菲律宾和大部分印度尼西亚的火山岛弧（见图 4-40）。

除了这些年轻造山带，地球上还有几条古生代的山脉。虽然这些较老的造山带受侵蚀影响较深，地形也不太突出，但它们表现出与较年轻的山脉相同的构造特征。美国东部的阿巴拉契亚山脉和俄罗斯的乌拉尔山脉就是这种古老且久经风霜的造山带的典型代表。

图 4-40　地球上主要的造山带

注意，欧亚大陆主要造山带呈东西走向，这与南北美洲科迪勒拉山系的南北走向形成对比。图中的地盾和稳定地台由古老的地壳岩石组成，这些岩石在古造山运动中已经高度变形。

　　共同导致造山带形成的过程被称为造山运动。大多数主要造山带都具有瞩目的视觉证据，表明巨大的压应力使地壳在水平方向缩短、在竖直方向增厚。这些碰撞山脉通常是一个或多个小地壳碎片与大陆边缘碰撞的结果，或者是由两个主要大陆块的碰撞而引发的洋盆闭合而造成的。因此，碰撞山脉包含了大量先前存在的沉积物和沉积岩，它们曾经位于大陆边缘，随后发生断层作用并弯曲形成一系列褶皱。虽然褶皱和逆冲断层往往是造山运动最明显的标志，但过程中也一定伴随着不同程度的变质作用和火山活动。

　　板块构造理论为造山运动提供了一个极具解释力的模型，它解释了几乎所有现代造山带和绝大多数古造山带的起源。根据这个模型，形成地球主要山地地形的构造过程发生在汇聚型板块边界。接下来，我们将回顾汇聚型板块边界的本质，然后研究俯冲过程是如何推动全球造山运动的。

　　在大洋岩石圈向大洋岩石圈下方俯冲的地方，会发育出火山岛弧及相关的构造特征。大洋岩石圈俯冲到大陆岩石圈之下，则会形成大陆火山弧和沿大陆边缘的山地地貌。大洋岩石圈就像一条传送带，可以把火山岛弧和其他地壳碎片带到俯冲带。这些地壳通常因浮力太大而无法俯冲到较大深度，于是它们就与上覆板块拼贴在一起，而上覆板块可能是另一个小的地壳碎片或一块大陆。如果俯冲持续的时间足够长，这个过程最终会导致一个洋盆的闭合和随后两个大陆的碰撞。

岛弧型造山

岛弧是由大洋岩石圈向大洋岩石圈下方稳定俯冲形成的，这种俯冲可能持续 2 亿年或更久。周期性的火山活动、火成岩深成岩体的侵位，以及从俯冲板块上刮下来的沉积物的堆积，逐渐增加了上覆板块地壳物质的体积（见图 4-41）。一些大型的火山岛弧，如日本，其规模的增加是由于陆壳碎片从一个大的陆块上分离，或随着时间的推移多个岛弧相互连接。

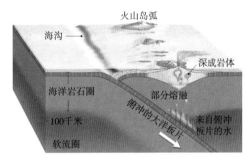

图 4-41　火山岛弧的持续生长

当一块大洋岩石圈板块俯冲到物质组成相同的另一板块之下时，就形成了火山岛弧。海洋岩石圈的持续俯冲导致了上覆板块上的类陆壳厚单元的发展。

火山岛弧的持续生长可形成山地地貌，它们由几乎平行的火成岩和变质岩带构成。然而，这种活动只是地球主要造山带发展阶段之一。稍后你会看到，一些火山弧被俯冲板块带到大型大陆块体的边缘，并在那里参与大规模的造山运动。

安第斯型造山

安第斯型造山的特征是俯冲到大陆岩石圈下方，而不是大洋岩石圈下方。沿这些主动大陆边缘的俯冲与形成大陆火山弧的长期岩浆活动有关。结果会造成地壳变厚，厚度可达 70 多千米。

安第斯型造山带的第一个发展阶段出现在被动大陆边缘。美国东海岸就是现代的被动大陆边缘。那里的沉积作用形成了一个由浅水砂岩、灰岩和页岩组成的厚台地（见图 4-42a）。在某一时刻，驱动板块运动的力发生了变化，一个俯冲带就出现在大陆边缘。这个俯冲带的形成可能是因为大洋岩石圈已经变得足够古老和致密，因此开始自行下沉。此外，强烈的压应力也可能有助于初始俯冲。

火山弧的形成。回想一下，当海洋岩石圈下沉到地幔中时，温度和压力的升高会促使挥发成分（主要是水和二氧化碳）从地壳岩石中释放。这些流动的流体向上迁移到俯冲板块和上覆板块之间的地幔楔。在大约 100 千米深处，这些流体会大大降低高温地幔岩石的熔点，从而引发部分熔融（见图 4-42b）。

超镁铁质地幔橄榄岩经部分熔融形成了玄武质（镁铁质）岩浆。因为这些新形成的玄武质岩浆的密度远小于形成它们的岩石，所以这些岩浆会上浮。在大陆环境中，玄武质岩浆经常在密度较低的地壳岩石下积聚起来，形成岩浆池。高温的玄武质岩浆可能会充分加热上覆的地壳岩石，形成中性或长英质（花岗质）的富硅岩浆，而这些岩浆上涌后，就会形成安第斯型俯冲带特征的大陆火山弧。

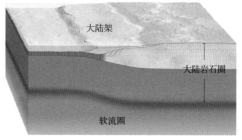

（a）被动大陆边缘

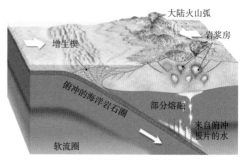

（b）部分熔融形成了大陆火山弧

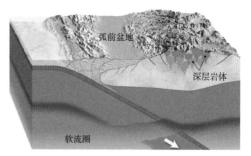

（c）俯冲结束，然后是一段抬升期

图 4-42　安第斯型造山

岩基的侵位。由于陆壳密度低、厚度大,极大地阻碍了熔岩的上升。因此,大量侵入地壳的岩浆无法到达地表;相反,它们在地下深处结晶,形成巨大的深成岩,即岩基。这种活动的结果是地壳变厚。

最终,抬升和侵蚀使岩基被剥露出来。美国的科迪勒拉山脉有几处大型岩基,包括加利福尼亚州内华达山脉岩基、加拿大西部的海岸山脉岩基,以及安第斯山脉几处大的火成岩体。大多数岩基由侵入火成岩组成,其成分范围可以从花岗岩到闪长岩。

增生楔的发育。在火山弧的形成过程中,俯冲板块上携带的未固结沉积物以及洋壳的碎片可能被刮下来并拼接在上覆板块的边缘,就像推土机铲起的泥土。由此产生的变形、逆冲断层沉积物以及洋壳残片的无序堆积被称为增生楔(accretionary wedge),如图 4-42b 所示。

增生楔内的一些沉积物是在海底堆积的淤泥,随后因板块运动被带到俯冲带。其他物质来源于相邻的大陆火山弧,由火山碎屑和风化侵蚀的产物组成。

在沉积物丰富的地区,长时间的俯冲可能会使发育中的增生楔变厚,使其露出海平面。这种情况已经发生在了波多黎各海沟的南端,委内瑞拉的奥里诺科河盆地是该海沟的主要沉积物来源。由此产生的增生楔形成了巴巴多斯岛。

弧前盆地。随着增生楔的增厚,它会成为沉积物从火山弧向海沟运移的障碍。因此,沉积物开始在增生楔和火山弧之间积聚。该区域由相对未变形的沉积层和沉积岩组成,被称为弧前盆地(见图 4-42b 和图 4-42c)。弧前盆地的沉降和持续沉积可形成一系列近乎水平的沉积地层,其厚度可达数千米。

内华达山脉、海岸山脉和大峡谷

加利福尼亚州内华达山脉、海岸山脉和大峡谷是沿安第斯型俯冲带生成的典型地壳构造实例。太平洋盆地的一部分（法拉隆板块）俯冲到加利福尼亚州西部边缘之下，从而形成了这些构造（见图 4-42b）。内华达山脉的岩基是大陆火山弧的遗迹，它是在超过 1 亿年的时间跨度内，由许多岩浆的侵入体形成的。海岸山脉是由大陆边缘的大量沉积物（增生楔）堆积而成的。

从大约 3 000 万年前开始，沿着北美洲边缘，大部分地区的俯冲逐渐停止，因为制造出法拉隆板块的扩散中心已经进入加利福尼亚海沟。随后的抬升和剥蚀消除了过去火山活动的大部分证据，并使构成了内华达山脉的结晶火成岩和相关的变质岩核心露出地表（见图 4-42c）。覆盖在海岸山脉部分高地上的年轻且未固结的沉积物表明，它是在最近才发生抬升的。

加利福尼亚大峡谷是在内华达山脉和近海的增生楔和海沟之间形成的弧前盆地的残余。在大峡谷的大部分历史中，它的一部分位于海平面以下。这个充满沉积物的盆地包含了厚厚的海洋沉积物，以及从邻近的大陆火山弧剥蚀而来的碎屑。

Q8　海洋生物化石为什么在山脉顶部？

中国科考人员曾在"世界屋脊"的珠穆朗玛峰地区发现了昔日三叠纪海洋霸主——喜马拉雅鱼龙的化石。海洋生物化石为什么会出现在山顶上？这还要从形成喜马拉雅山脉的造山运动说起。

阿尔卑斯型造山运动

阿尔卑斯型造山运动发生于两个大陆板块碰撞的造山时期。200 多年来，人们对阿尔卑斯山脉进行了深入的研究，然后以阿尔卑斯命名这类造山带。这种造山带由主要洋盆的闭合形成，包括喜马拉雅山脉、阿巴拉契亚山脉、乌拉尔山脉和阿尔卑斯山脉。大陆碰撞形成了以地壳水平方向上缩短和垂直增厚为特征的山脉，主要通过褶皱和大规模逆冲断层等变形作用形成。在两个大型陆块碰撞之前，曾经将两个陆块分开的洋盆之间可能存在较小的大陆碎片或岛弧，这种类型的造山运动也可能涉及这些较小地块的增生。

　　两个大陆碰撞并拼接在一起的区域叫作缝合带。这个术语也用于描述两个相邻增生地块之间的边界。这部分造山带经常保存着被困在碰撞板块之间的海洋岩石圈碎片。这些海洋岩石圈碎片被称为蛇绿岩，其独特的结构有助于识别碰撞边界。

　　接下来，我们将进一步研究两个碰撞山脉的例子：喜马拉雅山脉和阿巴拉契亚山脉。喜马拉雅山脉是地球上最年轻的碰撞山脉，目前仍在上升。相比之下，阿巴拉契亚山脉要古老得多，与之相关的造山运动大约在2.5亿年前就停止了。

喜马拉雅山脉

　　形成喜马拉雅山脉的造山运动始于距今5 000万年至3 000万年前，当时的"印度"开始与"亚洲"碰撞。在泛大陆分裂之前，印度板块位于南半球的非洲和南极洲之间。随着泛大陆的解体，从地质学上来讲，印度板块迅速向北移动了几千千米。

　　促进印度板块向北迁移的俯冲带位于欧亚板块南缘附近（见图4-43a）。沿欧亚板块边缘的持续俯冲形成了一个安第斯型板块边缘，其中包含发育良好的大陆火山弧和增生楔。另一方面，印度板块北缘是被动大陆型边缘，是一个浅水沉积物和沉积岩构成的厚台地。

　　地质学家已经确定，在印度板块和欧亚板块之间的俯冲板块上有两块或者更多小型地壳碎片。在中间的大洋盆地闭合期间，一小块地壳碎片到达了海沟并增生到欧亚板块上，形成了现在的西藏南部。这个事件之后便是印度板块的拼接。

　　随着中间的洋盆逐渐闭合，这些大陆边缘的物质因高度褶皱和断裂发生更严重的变形（见图 4-43b）。两条主要的逆冲断层和许多较小的断层切穿了印度板块的地壳。随后，沿着这些逆冲断层的运动导致印度板块的地壳的切片一层一层地堆叠起来。今天，这些切片构成了喜马拉雅山脉最高山峰的绝大部分，其中许多山峰被热带海洋灰岩覆盖，它们的形成环境是曾经的大陆架。

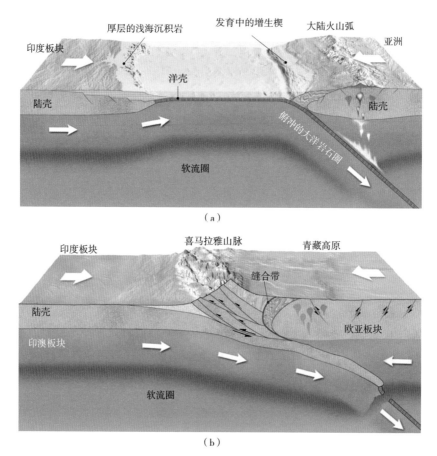

图 4-43　大陆碰撞、喜马拉雅山脉的形成

这些图说明了印度如何与欧亚板块碰撞，进而产生了壮观的喜马拉雅山脉。图（a），印度与欧亚板块碰撞前，印度北部边缘为厚的大陆架沉积台地，而欧亚板块为活动大陆边缘，具有发育良好的增生楔和火山弧。图（b），大陆碰撞使这些大陆边缘的地壳岩石形成褶皱和断裂，形成了喜马拉雅山。这一事件发生之后，随着印度次大陆被推入欧亚板块，青藏高原逐渐被抬升。

喜马拉雅形成之后是青藏高原的抬升期。地震证据表明，印度次大陆的一部分被逆冲到西藏下方，距离大约有 400 千米。如果这种情况是真的，那么增加的地壳厚度就能解释西藏南部高山地貌的形成，该区域的平均海拔超过了 4 500 米，比美国本土的最高点还要高。

与亚洲的碰撞并没有阻止印度向北的迁移，只是减缓了迁移的速度，印度已经向亚洲大陆内部深入了至少 2 000 千米。地壳的缩短和增厚容纳了这种运动。剩余的大部分向内深入，通过一种被称为逃逸构造的机制，造成了亚洲部分区域的地壳横向位移。当印度继续向北移动时，亚洲部分区域被挤出碰撞区，向东运移。这些移位的地壳块体包括东南亚的大部分地区（印度和中国之间的地区）和中国部分地区。

为什么亚洲的内陆地区变形如此之大，而印度却基本保持不变呢？答案在于这些不同地壳块体性质的差异。印度大部分地区是大陆地盾，主要由前寒武纪岩石组成。这种厚而冷的地壳物质在 20 多亿年时间里一直完好无损，因此从力学的角度看很坚固。相比之下，东南亚是由几个较小的地壳碎片碰撞而成的，年代更新。所以，在最近的造山运动中，它还处于相对温暖和薄弱的状态。

阿巴拉契亚山脉

从亚拉巴马州到纽芬兰岛，北美洲东岸的阿巴拉契亚山脉风景壮丽。此外，在不列颠群岛、斯堪的纳维亚半岛、非洲西北部和格陵兰岛，也都发现了形成于同一时期、曾经相连的山脉，它们的起源都很相似（见图 3-6）。持续了几亿年的造山运动创造了这个巨大的山脉系统，并且导致了泛大陆的形成。对阿巴拉契亚山脉的详细研究表明，这个造山带是三次不同造山运动的结果。

简要来说，在大约 7.5 亿年前，当时一块名为罗迪尼亚（比泛大陆更早）的超大陆正经历解体。与泛大陆的解体相似，这一时期的大陆裂谷作用和海底扩张作用在裂开的大陆板块之间形成了一个新的海洋。在这个不断变大的洋盆中有一个微大陆，它位于远古时期非洲的边缘。大约 6 亿年前，出于地质学家不完全了解的某些原因，板块运动发生了剧烈的变化，这个古老的洋盆开始消亡。这导致了多个俯冲带的发展，并引发了使北美和非洲碰撞在一起的三次造山事件（见图 4-44a）。

塔科尼造山运动。第一次造山运动发生在大约 4.5 亿年前，位于火山岛弧和古北美洲之间的边缘海开始消亡。随后发生的碰撞事件被称为塔科尼造山运动，导致位于上覆板块的火山弧和海洋沉积物被拼接到更大的大陆块上。这个火山弧和海洋沉积物的残留现在成为变质岩，出现在阿巴拉契亚山脉的大部分地区（见图 4-44b）。比如，位于纽约和华盛顿地下的片岩就形成于这一时期。除了这种普遍的区域变质作用外，沿整个大陆边缘还有大量的岩浆体侵入地壳岩石。

阿卡迪亚造山运动。第二次造山运动被称为阿卡迪亚造山运动，发生在大约 3.5 亿年前。这个古老洋盆的持续消亡导致一个微大陆与北美碰撞（见图 4-44c）。这次造山运动涉及逆冲断层作用、变质作用和很多大型花岗岩岩体的侵入。此外，这一事件还大大增加了北美洲的宽度，尤其是在新英格兰东部。

阿勒格尼造山运动。第三次造山运动被称为阿勒格尼造山运动，发生在距今 3 亿至 2.5 亿年前，当时非洲与北美洲相撞，其结果是早期堆积的物质向北美洲内陆推进了 250 千米。这一事件也使曾经环绕北美洲东部边缘的大陆架沉积和沉积岩发生了位移和进一步变形（见图 4-44d）。今天，这些褶皱和逆冲断层带的砂岩、灰岩和页岩构成了岭谷地区大部分未变质的岩石。远在内陆的宾夕法尼亚州中部和西弗吉尼亚州都存在这些造山运动的构造特征。

由于非洲和北美洲的碰撞，年轻的阿巴拉契亚山脉沿着缝合带出现在泛大陆的内部，它也许曾和喜马拉雅山脉一样雄伟。然后，大约 1.8 亿年前，这个新形成的超大陆开始分裂成更小的碎片，这一过程最终创造了现在的大西洋。因为这个新的裂谷带出现在非洲和北美洲碰撞形成的缝合带东部，非洲的残余部分仍然拼接在北美洲板块上（见图 4-44e）。佛罗里达州下方的地壳就是一个例子。

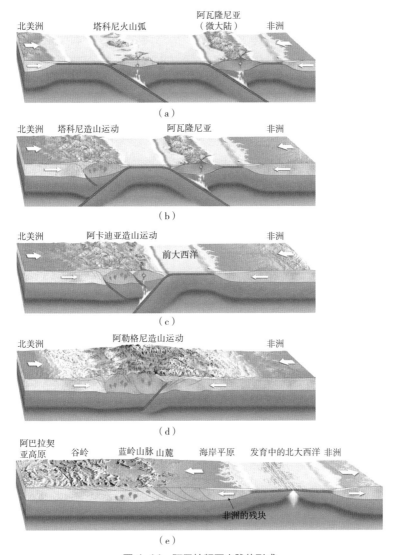

（a）

（b）

（c）

（d）

（e）

图 4-44　阿巴拉契亚山脉的形成

图（a），洋盆的消亡。大约 6 亿年前，北大西洋的前身开始消亡。在这个洋盆中，北美洲海岸外有一个活动的火山弧，此外还有一个位于非洲附近的微大陆。图（b），塔科尼造山运动。大约 4.5 亿年前，火山岛弧和北美之间的边缘海消亡了。这次碰撞被称为塔科尼造山运动，它使岛弧逆冲到北美洲东部边缘上方。图（c），阿卡迪亚造山运动。第二次造山运动被称为阿卡迪亚造山运动，发生在大约 3.5 亿年前，涉及一个微大陆与北美洲的碰撞。图（d），阿勒格尼造山运动。第三次造山运动是阿勒格尼造山运动，发生在距今 3 亿至 2.5 亿年前，当时非洲与北美洲相撞。其结果是形成了阿巴拉契亚山脉。图（e），泛大陆的解体。大约 1.8 亿年前，泛大陆开始分裂成更小的碎片，这一过程最终创造了大西洋。因为这个新的裂谷带位于非洲和北美碰撞形成的缝合带东部，因此非洲地壳的残余部分仍然拼接在北美洲板块上。

其他大陆碰撞型造山带包括阿尔卑斯山脉和乌拉尔山脉。在特提斯海闭合时，非洲和一些较小的地壳碎片与欧洲相撞，形成了阿尔卑斯山脉。与之类似的是，在泛大陆聚集期间，北欧和亚洲北部发生碰撞，形成了欧亚大陆的主要部分，此时乌拉尔山脉发生了变形和抬升。然而，与阿巴拉契亚造山带不同的是，乌拉尔山脉在造山运动后并没有再次分裂。

> ○─ 你知道吗？ ─○
>
> 在泛大陆形成期间，欧洲大陆和西伯利亚大陆相撞形成了乌拉尔山脉。早在板块构造被发现之前，这条被大面积侵蚀的山脉就已经被认为是欧洲和亚洲的边界。

科迪勒拉型造山运动

科迪勒拉型造山运动，以北美洲的科迪勒拉命名，与类似太平洋的大洋有关。与大西洋不同，太平洋可能永远不会消失。太平洋盆地海底快速扩张的速度与俯冲的速度相平衡。在这种情况下，岛弧和小的地壳碎片通常会被携带移动，直到它们与主动大陆边缘相撞并增生。这种碰撞和增生的过程形成了环太平洋的许多山区。这些增生的地壳块体被称为地体。地质学家用这个术语来描述任何由一系列明显、可识别的岩层构造组成，并因板块构造过程而被搬运和增生的地壳碎片。注意，地体和地形是两个不同的词，后者指的是地表地形的形状或陆地的地形。

地体的性质。形成地体的地壳碎片有什么性质？其中一些可能是微大陆，类似于今天位于印度洋上非洲东部的马达加斯加岛。其他很多地体类似于日本、菲律宾和阿留申群岛的岛弧。还有一些可能是由大量玄武质熔岩在海底喷涌而成的海底高原。目前有 100 多块这种相对较小的地壳碎片存在。

增生和造山运动。像海山这样的小型构造通常会随着海洋板片的沉降而俯冲。然而，洋壳的较厚部分，如翁通爪哇高原（几乎和阿拉斯加州一样大），或主要由低密度安山质火成岩形成的岛弧，由于浮力太大而无法俯冲。在这些情况下，地壳碎片就会与大陆边缘发生碰撞。

　　小的地壳碎片达到科迪勒拉型边缘时所发生的事件序列如图 4-45 所示。上地壳层从俯冲的板块上"剥落"，并以相对较薄的薄片逆冲到相邻的大陆地块上。汇聚通常不会随着地壳碎片的增生而结束。相反，新的俯冲带通常会在增生地体朝向海面的方向形成，并且它们可以携带其他岛弧或微大陆卷入与大陆边缘的碰撞。每一次碰撞都使早期的增生楔进一步向内陆移动，使变形带扩增，并使大陆边缘的厚度及横向范围变大。

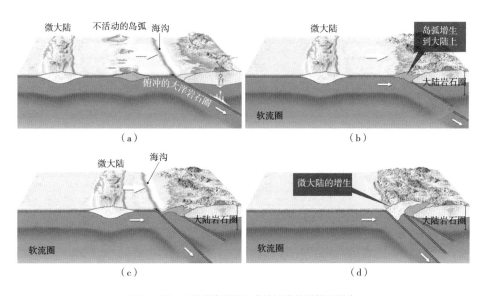

图 4-45　小的地壳碎片与大陆边缘的碰撞和增生

图（a），一个微大陆和一个火山岛弧正被带向一个俯冲带。图（b），火山岛弧从俯冲板块上被刮下并逆冲到大陆上。图（c），在旧俯冲带朝海的方向形成了一个新的俯冲带。图（d），微大陆向大陆边缘的增生使残余岛弧进一步向内陆推进，使大陆边缘向海扩展。

　　北美科迪勒拉山脉。造山运动与地壳碎片增生之间的相关性一开始是在对北美科迪勒拉的研究中发现的（见图 4-46）。研究人员确定，阿拉斯加州和不列颠哥伦比亚省造山带的一些岩石含有化石和古地磁证据，表明这些地层以前更靠近赤道。

现在我们知道，构成北美科迪勒拉山脉的许多地体曾经分散在太平洋各处，就像目前分布在西太平洋的岛弧和海底高原一样。在泛大陆解体期间，太平洋盆地的东部（法拉隆板块）开始向北美西部边缘俯冲。这一活动导致沿着整个太平洋边缘——从墨西哥的巴哈半岛到阿拉斯加北部，地壳碎片逐渐增加（见图 4-46）。地质学家推测，许多现代的微大陆也将同样增生到环太平洋的主动大陆边缘，产生新的造山带。

图 4-46　在过去 2 亿年间增生到北美西部的地体

古地磁研究和化石证据表明，其中一些地体由当前位置以南数千千米的地方增生形成。

要点回顾
Foundations of Earth Science >>>

- 地震是由在数十年乃至数百年的时间里使地壳逐渐弯曲的差应力引起的。汇聚型板块边界和相关的俯冲带以大型逆冲断层为标志，这些断层是历史上大多数大地震的成因。

- 地球上最大的地震带是环太平洋地震带，即环太平洋地区的大型逆冲断层。另外一个地震带是阿尔卑斯－喜马拉雅山系带，位于欧亚板块与印度次大陆和非洲板块碰撞的地带。

- 烈度衡量的是地震造成的地面震动量，震级估计的是地震释放的能量大小。修正麦卡利地震烈度表包含 12 个烈度，用结构破坏程度来量化地震强度。类里氏震级既考虑了地震台测量到的地震波的最大振幅，也考虑了地震台与震中的距离。矩震级是衡量地震规模的现代模准。

- 在地震中，当浸水的沉积物或土壤发生剧烈震动时，可能会发生液化。液化会使地面的强度降低到不能支撑建筑物的程度。地震可能引发山体滑坡或地面沉降，还可能破坏天然气管道，从而引发毁灭性火灾。海啸是海水移动时形成的巨大海浪，通常由洋底的大型逆冲断层破裂所引发。

- 通过大地震产生的地震波，地球科学家们就可以观测到地球内部。

- 当应力超过岩石的强度时，岩石将发生脆性变形或韧性变形。脆性变形指岩石破碎成小岩块，韧性变形则是岩石以塑性黏土或温蜡的方式发生流动。

- 造山作用就是山脉形成的过程。造山作用的一个时期就是造山运动。大多数造山运动发生在汇聚型板块边界，以及压应力导致地壳发生褶皱、断层、垂向增厚和水平缩短的地方。

- 喜马拉雅山脉和阿巴拉契亚山脉是由洋盆在完全俯冲时大陆之间的碰撞形成的。阿巴拉契亚山脉是由 2.5 亿年前的北美洲前身与非洲前身碰撞形成的。喜马拉雅山是由大约 5 000 万年前印度次大陆和欧亚大陆的碰撞形成的，现在仍在上升。

Foundations
of Earth Science

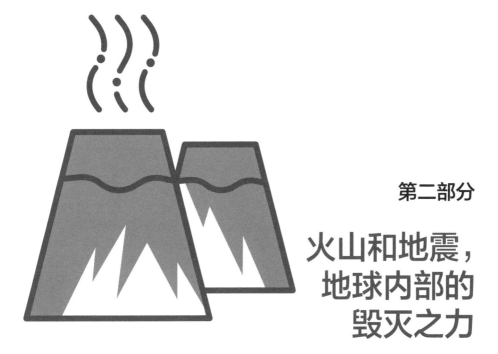

第二部分

火山和地震，
地球内部的
毁灭之力

Foundations
of Earth Science

05

火山运动如何影响生态环境?

妙趣横生的地球科学课堂

- 为什么有些火山的喷发是爆发性的，有些相对安静？

- 火山为什么呈现锥形？

- 火山为何既是"天使"也是"魔鬼"？

- 岩浆如何孕育而成？

- 世界上最活跃的火山在哪里？

1989 年，阿拉斯加发生了一起举世震惊的事件：一架波音 747 飞机在穿越堡垒山（Mount Redoubt）喷发的火山灰时，4 个引擎全部熄火。幸运的是，飞行员在下降过程中重新启动了引擎，并将飞机安全降落在安克雷奇市。一份来自美国地质调查局的调查显示，1953 年至 2009 年，至少有 26 架飞机因飞越火山灰云而遭受重大破坏，其中有 9 起是发动机故障事件。

为什么火山灰对飞机如此危险？与木材燃烧产生的灰烬不同，火山灰具有磨蚀性。一些飞机从火山灰云中飞出，窗户会被磨得凹凸不平，变得不透明。挡风玻璃损坏不仅会影响飞行员的视野，如果破裂，可能会导致机舱突然减压。火山灰中的微小岩石和矿物颗粒还会穿透至关重要的发动机过滤器，损坏喷气式涡轮机，堵塞燃料喷嘴，干扰温度传感器。

由于这些风险，航空公司格外关注火山活动。2010 年，冰岛埃亚菲亚德拉火山爆发。2017 年，印度尼西亚阿贡火山爆发。这两起火山爆发事件导致相关的航空公司取消了数千次航班，数十万旅客的出行计划因此受到影响。

实际上，不仅是航空公司，科学家也时刻关注着火山运动。这是因为：首先，火山所喷出的熔融岩石来自地下深处，它是我们观察地下深处地质过程的极佳素材；其次，火山喷发时释放的气体还有助于我们研究大气和海洋的演化。

通过本章内容，你将了解火山的形成、分布与特征，火山岩浆和火山灰带来的地质灾害，以及人们如何有效地避免灾害带来的负面影响。

Q1　为什么有些火山的喷发是爆发性的，有些相对安静？

1980 年 5 月 18 日，北美经历了有史以来规模最大的一次火山爆发。这次爆发将原本风景如画的圣海伦斯火山变成了一座无头遗迹。这次威力巨大的爆发发生在华盛顿州西南部，把火山的整个北侧炸开了一个大洞。刹那间，一座海拔超过 2 900 米的著名火山就被削掉了 400 多米（见图 5-1）。

图 5-1　圣海伦斯亚火山爆发前后

1980 年 5 月 18 日，华盛顿州西南部的圣海伦斯火山爆发。

资料来源：U.S. Geological Survey, Denver。

这次火山爆发摧毁了北侧大片的道格拉斯冷杉（见图 5-2）。树林被夷为平地，树枝被折断，交错着倒下，从空中看就像散落一地的牙签。伴随而来的泥石流裹挟着火山灰、树木和水饱和的岩屑，一直冲到了图特尔河（Toutle River）下游 29

千米处。59 人罹难，有的死于高温，有的死于令人窒息的由火山灰和有毒气体组成的烟云，还有的死于爆炸所产生的冲击波，更有一些人死于泥石流冲击。

图 5-2　圣海伦斯火山的侧向爆发造成的影响

资料来源：USGS；小图：John M. Burnley/Science Source。

这次喷发总共排出了将近 1 立方千米的火山灰和岩屑，覆盖了 400 平方千米的区域。在最初的喷发后，圣海伦斯火山又继续释放了大量高温气体与火山灰。这次爆发的力量巨大，一些火山灰被推向高空超过 18 千米，进入了平流层。在接下来的几天里，这些细小的粉末被强大的高空风带到了周围地区。据报道，人们在远至俄克拉何马州和明尼苏达州的一些地区都检测到了火山灰沉积物。远在蒙大拿州中部的农作物产量因此遭受损失。与此同时，火山附近的沉积物厚度超过了 2 米。在华盛顿州以东 130 千米处的亚基马市，空气中充满了火山灰，当地的居民发觉正午时分如同午夜般黑暗。

并非所有火山喷发都如此猛烈。有些火山，如夏威夷的基拉韦厄火山，则会以相对平静的方式喷出熔岩，这些熔岩从火山口喷涌而出，缓缓流下山坡。当然，尽管火山喷发较为温和，但也不乏激烈的场面，炽热的熔岩偶尔会被喷到几百米高的空中。尽管自 1823 年有记录以来，基拉韦厄火山已经经历了 50 多个喷发阶段，但夏威夷火山观测站自 1912 年起就一直在基拉韦厄火山的顶峰上观测火山活动，这证明基拉韦厄火山的喷发是"平静"的。尽管如此，正

如本文所述，这段时间从基拉韦厄火山喷出的炽热熔岩仍然造成了相当大的财产损失。

那么，为什么有些火山的喷发是爆炸性的，而有些则是相对安静的呢？换句话说，是什么决定了火山喷发的不同方式呢？答案就在岩浆中。

大部分岩浆都来源于部分熔融的上地幔，它们是玄武质岩浆（我们将在本章后部分详细讨论）。岩浆的密度比周围岩石的密度低，因而岩浆将向地表缓慢运动。有时，高温的玄武质岩浆会直接到达地球表面，形成流动的岩浆。这一过程通常发生在海底，与海底扩张有关。

然而，当玄武质岩浆上升到大陆板块下方时，就会出现岩石密度小于玄武质岩浆密度的情况。这将导致玄武质岩浆停止上升，而在地壳和地幔边界处淤积。在这个过程中，玄武质岩浆所散发出的热量会部分融化周围的地壳岩石，从而产生密度更低、富含硅的新岩浆，这些岩浆将继续朝着地球表面上升。岩浆成分与性质之间的关系如图 5-3 所示。

夏威夷平静式喷发。 夏威夷基拉韦厄火山喷出的是流动性相当强的玄武质熔岩。当新一批岩浆注入近地表的岩浆房时，就有可能发生此类喷发事件。此类事件是可预测的，因为在喷发前的几个月到几年的时间内，火山的顶部会膨胀并上升。一方面，新的热岩浆会让岩浆房升温并重新流动起来；另一方面，岩浆房的

膨胀会使上方的岩石断裂，使得流动的岩浆能沿着所形成的开口继续向上移动，从而形成为期几周、几个月甚至几年的喷发。基拉韦厄火山最初于1983年喷发，一直持续到今天。

组成	二氧化硅含量	气体含量	喷出温度	黏度	形成火山碎屑的倾向	火山地貌
镁铁质（玄武岩） 富含铁、镁、钙、含少量钾、钠	较少（约50%）	较少（0.5%～2%）	1 000℃～1 250℃	较小	较小	盾状火山、玄武岩高原、火山渣锥
中性质（安山岩） 含不同比例的铁、镁、钙、钾、钠	中等（约60%）	中等（3%～4%）	800℃～1 050℃	中等	中等	复合火山锥
长英质（流纹岩/花岗岩） 富含钾、钠，低铁、镁、钙	较多（约70%）	较多（4%～6%）	650℃～900℃	较大	较大	火山碎屑流沉积物、熔岩丘

图 5-3　岩浆成分与性质之间的关系

爆炸性喷发。所有的岩浆都包含水蒸气和其他气体。在地下深处，这些气体在巨大的压力下于岩浆中保持溶解状态。而当岩浆上升（或限制岩浆运动的岩石破裂）时，压力降低，溶解的气体就会从岩浆中逸出，形成小气泡。这就像打开一罐苏打水，里面的二氧化碳气泡会逸出一样。

当液态玄武质岩浆喷发时，里面的气体就会逸出。玄武质岩浆的温度可达1 100℃甚至更高，因而逸出的气体会迅速膨胀，体积变为原来的数百倍。有时，膨胀的气体会将炽热的熔岩抛射到数百米高的空中，形成壮观的熔岩喷泉（见图5-4）。

图 5-4　熔岩喷泉

基拉韦厄火山位于夏威夷大岛上，是地球上最活跃的火山之一。

资料来源：David Reggie/Getty Images。

不过，这些熔岩喷泉通常是无害的。它们一般不会与重大的爆发事件相关，因此也不会造成巨大的生命和财产损失。

此外，高黏度的岩浆能以超声速的速度喷出气体和碎片状的熔岩，形成上浮的羽状碎屑云——喷发柱。有的喷发柱甚至能在大气圈中上升 40 千米（见图 5-5）。造成这一现象的原因是：富含二氧化硅的岩浆有着相当大的黏度，使得其中大部分的气态物质一直保持溶解状态，直到岩浆接近地球表面，微小的气泡才开始形成。当岩浆产生的压力超过其上方岩石的强度时，岩石就会发生破裂。随着岩浆沿裂缝上移，围压继续下降，导致更多气泡形成，而更多的气泡进一步减小了岩浆的密度，使得岩浆以更快的速度向上运动。这种连锁反应便有可能导致火山爆发。

高黏度熔岩的喷发可能产生包含火山灰和高温气体的爆炸云，即喷发柱

图 5-5　喷发柱由黏稠、富含二氧化硅的岩浆形成

阿拉斯加奥古斯丁火山喷发的富含水蒸气和火山灰的喷发柱。

资料来源：Ness Kerton/Getty Images。

在爆发过程中，岩浆被气体吹成碎片（火山灰、浮石），并被高温气体带到很高的地方，从而形成了喷发柱。1980 年圣海伦斯火山的爆发就是一个例子——火山侧面的崩塌导致了其下方岩浆压力的瞬间降低，从而引发了大喷发。

当岩浆房上部分的岩浆随着逸出的气体喷出时，其下方的压力会突然下降，继而引发下一次爆发。因此，火山爆发实际上是持续数天的一系列爆炸，而不是只有"轰"的一声爆炸。火山爆发后，失去气体的熔岩便会缓慢地从火山口渗出，形成较短的流纹岩流，或是在火山口上方形成熔岩穹丘。

现在我们知道了岩浆的黏度会影响火山喷发时的状态，那么，又是什么影响了岩浆的黏度呢？

影响黏度的因素

　　岩浆的成分较为复杂，通常包含一些相对含量多变的晶体、熔融态岩石以及溶解的气体（主要为水蒸气和二氧化碳）。喷出地表的岩浆被称为熔岩。岩浆和熔岩的行为主要取决于它们的温度与成分。此外，溶解气体也起到了一定的作用。这些因素在不同程度上导致了流动性或黏度上的差异。液体的黏度越大，其流动时受到的阻力也就越大。举个简单的例子，糖浆的黏度比水大，因此糖浆不易流动。

　　温度。温度对液体黏度的影响是显而易见的。就像当我们加热糖浆时，它就会更容易流动（黏度更小）。温度对熔岩流动性的影响十分显著。当熔岩冷却并开始凝结时，其黏度就会增加，最终完全凝固而停止流动。

　　成分。影响火山活动的另一个重要因素是岩浆的化学成分。我们之前提到过，不同火成岩之间的区别主要在于它们二氧化硅含量的不同（见图 5-3）。形成镁铁质岩石（如玄武岩）的岩浆含有大约 50% 的二氧化硅，产生长英质岩石（花岗岩、流纹岩）的岩浆含有超过 70% 的二氧化硅，而产生安山质（安山岩、闪长岩）的岩浆则含有约 60% 的二氧化硅。

　　岩浆的黏度与其二氧化硅含量直接相关：二氧化硅含量越高，黏度就越大。这是因为在结晶过程的早期，单硅酸根的四面体结构开始聚合，形成多硅酸根长链，而这将阻碍岩浆的流动。因此，流纹质（长英质）熔岩非常黏稠，流动距离短，堆积较厚；相比之下，玄武质（镁铁质）熔岩含有较少的二氧化硅，更容易流动，在凝固前可以流动 150 千米以上。

　　溶解气体。岩浆中的溶解气体（主要是水和二氧化碳）属于挥发物，它们也能影响岩浆的流动性。在其他条件相同时，溶解了更多水的岩浆流动性更大。水分子能够破坏岩浆中的硅氧键，以此减少长硅酸链的形成。因此，气体的损失将会使得岩浆或熔岩更加黏稠。此外，气体还使得岩浆有爆炸的可能性。

我们已经了解了岩浆的黏度、温度和成分是如何影响火山喷发时的剧烈程度的。实际上，火山在喷发时不仅会喷出熔岩，还会喷出气体和火山碎屑物质（碎石、熔岩"炸弹"、细灰和尘埃）。接下来，我们将研究这些物质。

熔岩流

据估计，地球上 90% 以上的熔岩的成分都是镁铁质（玄武岩），而流纹岩（长英质）流仅占总量的 1%。

镁铁质熔岩流动性强，通常以薄而宽的片状或带状流动。在夏威夷岛上，这些流体熔岩在陡峭的斜坡上以超过 30 千米 / 时的速度流下，不过较慢的流速更为常见。相比之下，富含二氧化硅的流纹岩熔岩通常由于移动速度太慢而无法被观察到。此外，流纹岩熔岩距喷出口的流动距离很少超过几千米。正如你所料，中性质安山岩熔岩的流动特征介于这两种极端情况之间。

渣状熔岩流与结壳熔岩流。玄武质岩浆倾向于产生两种类型的熔岩流，它们以自己所处的夏威夷而闻名。第一种类型被称为渣状熔岩流（aa flow），具有粗糙的锯齿块状表面，边缘锋利，有刺状突起（见图 5-6a）。渣状熔岩流凝固后，从上面走过可能是一种痛苦的体验。第二种类型被称为结壳熔岩流（pahoehoe flows），它有光滑的表面，有时类似于扭曲的绳索编织物（见图 5-6b）。

虽然这两种类型的熔岩都可以来自同一座火山喷发，但结壳熔岩流比渣状熔岩流更热，流动性更强。此外，结壳熔岩流可以变成渣状熔岩流，但相反的情况不会发生。熔岩流离开喷口时发生的冷却是促进结壳熔岩流转变为渣状熔岩流的一个因素。较低的温度会增加黏度并促进气泡形成。逸出的气泡在凝固的熔岩表面产生大量空隙（气孔）和刺状突起。熔岩流的内部保持熔融状态，随着它的前进，外壳破裂，将结壳熔岩流相对光滑的表面转变为由不断推进的粗糙、锋利、破碎的熔岩块组成的渣状熔岩流。

（a） （b）

图 5-6 两类熔岩流

图（a），典型的、流动缓慢的玄武质渣状熔岩。活跃的渣状熔岩流覆盖了旧有结壳熔岩流。图（b），典型的、流动性强的结壳熔岩流具有独特的绳状外观。这两幅图片中的熔岩都是从夏威夷岛基拉韦厄火山侧面的裂缝中喷发出来的。

资料来源：USGS。

结壳熔岩流通常包含一种洞穴状隧道，它被称为熔岩管。其形成是因为熔岩流内部的熔岩在暴露表面冷却和硬化时仍保持流体状态（见图 5-7）。这些隔热通道充当将熔岩从活动喷口输送到流动前缘的管道。结果，熔岩管促进了离其源头很远的熔岩的流动。

枕状熔岩。 当海底涌出熔岩时，熔岩流的外层迅速"冻结"（凝固），形成火山玻璃。然而，内部熔岩能够突破硬化表面向前移动。这个过程反复发生，因为熔化的玄武岩像牙膏一样从被紧紧挤压的管子中挤出。结果是熔岩流由许多称为枕状熔岩的管状结构组成，一个堆叠在另一个之上（见图 5-8）。枕状熔岩在重建地质历史时很有用，因为它们的存在表明熔岩流是在水体表面以下形成的。

气体

岩浆中溶解的气体被称为挥发物。如前所述，由于围压，它们会留在熔岩中，就像未打开的软饮料罐中的二氧化碳一样。与软饮料一样，压力一旦降低，气体就会逸出。从喷发的火山中获取气体标本既困难又危险，因此地质学家通常必须估计岩浆中最初含有的气体量。

（a）

（b）

图 5-7　熔岩管

图（a），位于华盛顿州圣海伦斯火山的猿洞就是一个长度超过 3.2 千米的熔岩隧道。图（b），熔岩管的顶端坍塌后会形成"熔岩天窗"，热的熔岩可能从此处流出。熔岩流可能形成坚硬的上层地壳，而其内部的熔岩则能继续在被称为"熔岩管"的通道中前进。一些熔岩管有着巨大的规模，例如 Kazumura 洞穴。它位于夏威夷冒纳罗亚火山东南斜坡上，全长超过 60 千米。

资料来源：图（a），Schafer & Hill/Getty Images；图（b），USGS。

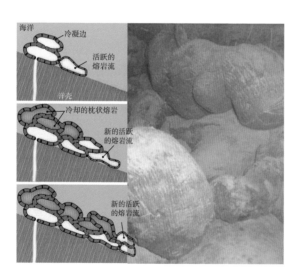

图 5-8　枕状熔岩的形成

枕状熔岩的形状各异，但往往是细长的管状结构。这张照片显示了在夏威夷海岸附近形成的海底枕状熔岩流。

资料来源：USGS。

大多数岩浆体的气体部分占总重量的 1%～8%，其中大部分以水蒸气的形式存在，其次是二氧化碳和二氧化硫，以及少量的硫化氢、一氧化碳和氮气。每种气体的相对比例因地区而异。虽然百分比可能很小，但实际排放的气体量每天都可能超过数千吨。这些气体对我们星球的大气圈有重大贡献。火山喷发也是空气污染的天然来源。有些火山在喷发时会排放大量二氧化硫，它很容易与大气中的气体结合形成有毒的硫酸和其他硫化物。

火山碎屑物质

当火山猛烈喷发时，它们会从喷口喷出岩石粉末、熔岩碎片和玻璃碎片。这些喷出的颗粒就是火山碎屑物质。这些碎屑大小不一，从非常细的灰尘和沙粒大小的颗粒（小于 2 毫米），到重达数吨的碎片（见图 5-9）。

当富含气体的黏稠岩浆发生爆炸性喷发时，会产生被称为火山灰尘的物质。当岩浆在喷口中向上移动时，气体迅速膨胀，所产生的熔体类似于从一瓶香槟中流出的泡沫。随着热气体呈爆炸性膨胀，泡沫被吹成细小的玻璃碎屑。当炽热的灰烬落下时，玻璃碎屑通常会融合形成一块叫作熔结凝灰岩的岩石。这种物质的薄片以及后来凝固的火山灰沉积物覆盖了美国西部的大部分地区。

直径为 2～64 毫米，表现为珠子到核桃形状的火成碎屑被称为火山砾或火山渣。直径大于 64 毫米的颗粒分为两种：喷出时已经凝固的被称为火山块，喷出时尚未凝固的被称为火山弹（见图 5-9）。因为火山弹在喷射时是半熔融的，所以它们在被抛掷到空中时通常呈流线型。由于重量和尺寸原因，火山弹和火山块通常落在火山口附近，但它们偶尔也会被抛出很远。例如，在日本浅间火山喷发期间，一个长 6 米、重约 200 吨的火山弹被抛离火山口 600 米。

火山碎屑物质可以按质地和成分以及大小分类。例如，火山渣这个术语是指在玄武质岩浆喷发期间最常出现的气孔状喷射物（见图 5-10a）。这些黑色到红棕色的碎屑大小通常如火山砾一般，类似于炼铁时产生的炉渣。

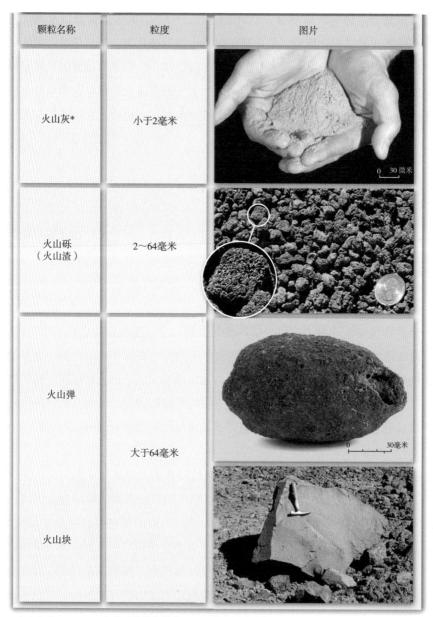

颗粒名称	粒度	图片
火山灰*	小于2毫米	
火山砾 （火山渣）	2~64毫米	
火山弹	大于64毫米	
火山块		

*火山尘（volcanic dust）有时特指粒度小于0.063毫米的火山灰。

图 5-9　不同类型的火山碎屑物质

资料来源：从上到下，USGS, Dennis Tasa, USGS。

相比之下，当具有安山岩（中性质）或流纹岩（长英质）成分的岩浆爆炸性喷发时，它们会喷出火山灰和多孔的浮石（见图 5-10b）。浮石通常颜色较浅，密度低于火山渣，而且许多浮石内部有很多微小的孔泡，它们很轻，可以漂浮在水面（见图 2-12）。

（a）

（b）

图 5-10　常见的气孔状岩石

火山渣和浮石是两种具有多孔结构的火山岩，其上的气孔是气体逸出时留下的。图（a），浮石是密度较小的多孔岩石。它是在黏稠岩浆喷发时形成的，具有安山质或流纹质成分。图（b），火山渣是多孔岩石的一种，通常是玄武质的。火山渣是火山渣锥的主要组成部分，尺寸小如豌豆，大如篮球。

资料来源：E. J. Tarbuck。

Q2　火山为什么呈现锥形？

人们对于火山的印象通常是一座孤零零伫立却不失优雅的圆锥形山峰，积雪覆盖着山顶，如俄勒冈州的胡德山和日本的富士山。这些如画的山峰通常是由持续数千年甚至数十万年的火山活动所形成的。但是，许多火山并不符合上述印象。有的火山锥相当小，它们形成于一次喷发，喷发时间从几天到几年不等。阿拉斯加州的万烟谷则是由一大片火山灰沉积物所组成的，体积超过 15 立方千米，是 1980 年圣海伦斯火山喷发量的 20 多倍。万烟谷形成于 60 小时内，喷射物覆盖了原有的 200 米深的河谷。

火山地貌多种多样，它们的大小和形状都不尽相同，每座火山都有独一无二的喷发历史。尽管如此，火山学家还是对火山地貌进行了分类，并确定了它们的喷发模式。接下来，我们会先介绍理想火山锥的一般构造，继而分别讨论三类常见的火山锥——盾状火山、火山渣锥、复合火山，以及它们各自的相关灾害。

当岩浆向地表强烈移动时，地壳中出现裂隙（裂缝），火山活动通常就开始了。当富含气体的岩浆通过裂缝向上移动时，它的路径通常局限在一个类似管状的管道中，该管道终止于位于地表的喷口（见图5-11）。我们称之为火山锥的锥形结构通常是由熔岩、火山碎屑物质或两者的连续喷发形成的，每次喷发间隔通常都很长。

大多数火山锥的顶部都有一个漏斗状或碗状凹陷部分，我们称之为火山口。主要由火山碎屑物质构成的火山通常具有火山口，这些火山口是由周围边缘的火山碎屑物质逐渐堆积形成的。其他火山口则在爆炸性喷发期间形成，快速喷出的颗粒会侵蚀火山口壁。一些火山有非常大的圆形凹陷，这被称为破火山口，其直径大于1千米，在极少数情况下超过50千米，这通常是在火山喷发后山顶区域坍塌时形成的。

在理想化的火山锥中，大多数火山喷射物来自中央山顶火山口内的喷口。然而，它们也可以从沿侧翼或火山底部形成的裂缝喷出。侧面喷发的持续活动可能会产生一个或多个较小的寄生锥。例如，意大利的埃特纳火山有200多个次级

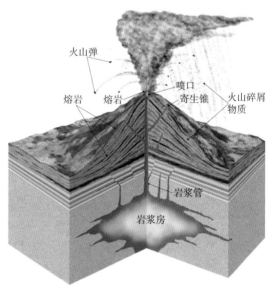

图5-11　火山剖面图

对比该图所示的"典型的"复合火山与盾状火山（见图5-12）以及火山渣锥（见图5-14）在结构上的异同。

喷口，其中一些就出现了寄生锥。然而，许多次级喷口只排放热气，它们更应当被称为喷气孔。

盾状火山

盾状火山由流动的玄武岩熔岩堆积而成，呈宽阔、略呈圆顶状的结构，类似于战士的盾牌（见图5-12）。大多数盾状火山开始于在海底形成的海山，其中一些火山大到足以形成火山岛。事实上，许多海洋岛屿都是一座盾状火山，而更常见的则是两个或多个建立在大量枕状熔岩上的盾状火山的结合，这样的例子包括夏威夷群岛、加那利群岛、冰岛、加拉帕戈斯群岛和复活节岛。不太常见的情况是，一些盾状火山形成于陆壳上，包括非洲最活跃的尼亚穆拉吉拉火山和俄勒冈州的纽贝里火山。

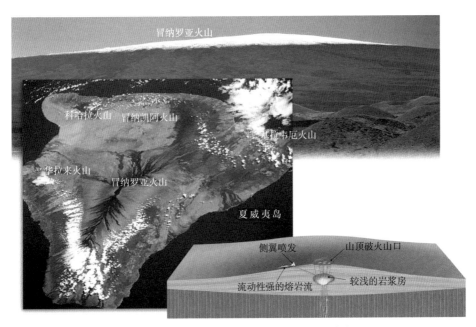

图5-12　地球上最大的盾状火山：冒纳罗亚火山

冒纳罗亚火山是共同组成夏威夷大岛的5座盾状火山之一。盾状火山主要由流动性较好的玄武岩熔岩流构成，只包含少量的火山碎屑物质。

资料来源：顶部图，Greg Vaughn/Alamy Stock Photo；底部图，NASA。

冒纳罗亚火山：地球上最大的盾状火山

对夏威夷群岛的广泛研究表明，它们是由无数较薄的玄武岩熔岩流构成的，每条熔岩流平均有几米厚，并混有相对少量的火山碎屑物质。冒纳罗亚火山是构成夏威夷大岛的 5 座重叠盾状火山中最大的一座（见图 5-12）。从太平洋海底到山顶，冒纳罗亚山高度超过 9 千米，超过了珠穆朗玛峰的高度。构成冒纳罗亚火山的物质体积大约是位于华盛顿的大型复合火山雷尼尔火山的物质体积的 200 倍（见图 5-13）。

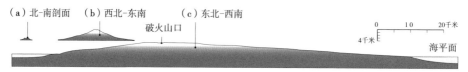

图 5-13 比较不同火山的规模

图（a），亚利桑那州日落火山口的剖面，一个典型的陡边火山渣锥。图（b），华盛顿州雷尼尔火山的剖面，注意它是如何使典型的火山渣锥相形见绌的。图（c），夏威夷州冒纳罗亚火山的剖面，这是夏威夷大岛中最大的盾状火山。

与夏威夷州的其他盾状火山一样，冒纳罗亚火山的侧面只有几度的缓坡。这个低角度是由于非常热的流体熔岩从喷口"快而远"的移动造成的。此外，大部分熔岩（大约 80%）流经发达的熔岩管系统。活跃的盾状火山的另外一个共同特征是具有一个或多个占据山顶的大型陡壁破火山口（见图 5-12）。盾状火山上的破火山口通常是在岩浆房上方的顶部坍塌时形成的。这发生在岩浆房排空之后，或者是在大规模喷发之后，或者是因为岩浆迁移到火山侧面以供给裂隙喷发的时候。

在其生长的最后阶段，盾状火山的喷发往往比较零散，火山碎屑喷射较为常见。熔岩也更黏稠，导致熔岩流更厚且更短。这些喷发使山顶区域坡度变

> **· 你知道吗？ ·**
>
> 根据传说，夏威夷的火山女神贝利就住在基拉韦厄火山的山顶。当熔岩从逸出的气体中飞溅出来时，形成了线状、柔韧的火山玻璃，它们被称为"贝利的头发"（Pele's hair）。

陡，山顶区域通常覆盖着成群的火山渣锥。这就解释了为什么冒纳凯阿火山作为一座历史上从未喷发过的更成熟的火山，其山顶比自 1984 年以来持续喷发的冒纳罗亚火山更陡峭。科学家非常确定冒纳凯阿火山已经"过了壮年"，以至于天文学家在其顶峰还建造了一个精心设计的天文台，装配了一些世界上最先进的望远镜。

基拉韦厄火山：夏威夷最活跃的火山

夏威夷大岛上的火山活动始于现在该岛的西北侧，并逐渐向东南移动。目前，这一活动主要集中在基拉韦厄火山。基拉韦厄火山是世界上最活跃、最受关注的盾状火山之一。基拉韦厄火山位于冒纳罗亚山的山脚下，自 1823 年开始保持记录以来，已经发生了 50 多次喷发。

在每个喷发阶段之前的几个月，基拉韦厄火山都会膨胀，这是因为岩浆逐渐向上迁移并在山顶下方几千米处的中央岩浆房中积聚。在喷发前长达 24 小时，一系列的小地震预示着即将发生的火山活动。基拉韦厄火山最近的大部分活动都发生在火山的侧翼，在一个叫作东裂谷区的地区。基拉韦厄火山有史以来喷发时间最长也是规模最大的一次裂谷喷发始于 1983 年 1 月，一直持续到今天，丝毫没有减弱的迹象。自从这个喷发阶段开始以来，熔岩流增加了 2 平方千米的新土地，并夷平了 104 平方千米的现有土地，其中包括许多历史遗迹和几个社区。

这次喷发最具破坏性的阶段之一始于 2018 年 5 月 3 日，当时多处裂隙喷发导致熔岩流入附近的街区。在接下来的一个月里，这次喷发产生了 4 次较大的熔岩流，它们流向大海，其中第一股熔岩流严重破坏了莱拉尼庄园。6 月，一股熔岩流吞没了两个海滨分区。总共约有 600 所房屋和其他建筑物被毁。熔岩流最终填满了卡波霍湾，这里曾经是一个很受欢迎的旅游胜地，以潮汐池和黑沙滩闻名。

火山渣锥

火山渣锥由喷出的玄武岩熔岩碎片构成，这些熔岩碎片在空中开始硬化，产生多气孔的岩渣（见图 5-14）。这些火山碎屑物质的大小从细小的火山灰到直径可能超过 1 米的火山弹不等。然而，火山渣锥的大部分都是由从豌豆到核桃大小的碎片组成的，这些碎片明显呈多孔状，颜色从黑色到红棕色（见图 5-10a）。

图 5-14 火山渣锥

火山渣锥由喷出的熔岩碎片（主要是火山渣和火山弹）构成，并且规模较小，高度通常低于 300 米。资料来源：Michael Collier。

虽然火山渣锥主要由松散的火山渣碎片组成，但其中一些会产生广阔的熔岩地块。这些熔岩流通常在火山生命周期的最后阶段形成，此时岩浆体已失去大部分气体。由于火山渣锥由松散的碎片而非坚硬的岩石组成，因此熔岩通常从锥体未固结的底部流出，而不是从火山口流出。由于其松散的性质，与其他类型的火山相比，火山渣锥更容易受到风化和侵蚀。

火山渣锥具有非常简单、独特的形状（见图 5-14）。由于火山渣具有高休止角（一堆松散物质保持稳定的最陡角度），因此火山渣锥的侧面很陡，坡度在 30 度到 40 度之间。此外，相对于整体结构尺寸，火山渣锥具有大而深的火山口。虽然相对对称，但在最后喷发阶段，一些火山渣锥会在顺风的一侧被拉长且更高。

大多数火山渣锥是因为短暂的单一喷发事件产生的。一项研究发现，在科学家勘查的所有火山渣锥中，有一半是在不到一个月的时间内形成的，其中95%的火山渣锥是在不到一年的时间内形成的。一旦喷发停止，连接火山口和岩浆房的管道中的岩浆就会凝固，火山通常不会再次喷发。塞罗内格罗是一个例外，它是尼加拉瓜的一个火山渣锥，自1850年形成以来已经喷发了20多次。火山渣锥往往很小，通常高度为30~300米，这是由于它们通常寿命极短。不过少数火山渣锥，如塞罗内格罗火山，高度超过了700米。

全球有数以千计的火山渣锥。有些成群出现，例如亚利桑那州弗拉格斯塔夫附近的火山区，它由大约600个火山渣锥组成。其他的是在较大火山结构的侧面或火山口内发现的寄生锥。

帕里库廷火山：一个普通火山渣锥的生命历程

地质学家从一开始就进行研究的极少数火山之一是名为帕里库廷的火山渣锥。这座火山位于墨西哥城以西约320千米处。它的喷发始于1943年，地点位于迪奥尼西奥·普利多（Dionisio Pulido）拥有的一块玉米地，他目睹了这一事件。

在第一次喷发前数周，附近的帕里库廷村曾多次发生地震，引发了当地居民的恐慌。然后，在2月20日，从玉米地里的一个小洼地里冒出大量硫黄气体，而这个洼地自当地居民记事以来就一直在那片玉米地中。到了夜间，炽热、发光的岩石碎片从喷口喷出，一场壮观的烟花表演开始了。爆炸性喷发仍在继续，偶尔会将炽热的碎片和灰烬抛向高达6 000米的高空。较大的碎片落在火山口附近，其中一些在滚下斜坡时仍保持炽热状态。这些物质构成了一个美观的圆锥体，而更细的灰烬则散落到更大的区域，燃烧并最终覆盖了整个村子。第一天，锥体长到40米，到了第五天，它的高度已经超过了100米。

第一股熔岩流来自锥体北面的裂缝，但几个月后，熔岩流从锥体底部流出。1944 年 6 月，一股厚 10 米的渣状熔岩流席卷了圣胡安帕兰加里库蒂罗（San Juan Parangaricutiro）村的大部分地区，只留下教堂的残余部分（见图 5-15）。经过 9 年断断续续的火山碎屑物质的爆炸性喷发和熔岩几乎连续不断地从底部的喷口喷出后，这座火山的活动几乎和开始时一样迅速停止。如今，帕里库廷只是点缀在墨西哥这一地区景观中的数十个火山渣锥中的一个。像其他火山渣锥一样，它不会再喷发了。

图 5-15　帕里库廷火山——一个著名的火山渣锥

圣胡安帕兰加里库蒂罗村被来自帕里库廷火山的渣状熔岩流吞没。只有教堂部分保存了下来。

资料来源：Michael Collier。

复合火山

地球上风景最美但也有潜在危险的火山是复合火山，也被称为层状火山。它们大多数位于太平洋沿岸相对狭窄的区域，该区域被恰当地称为环太平洋火山带。这个活跃带包括分布在美洲西海岸的一连串大陆火山，包括南美洲安第斯山脉的大火山锥和美国西部和加拿大的喀斯喀特山脉。

经典的复合火山锥体是几乎对称的大型结构，由爆炸性喷发的火山渣和火山灰与穿插其间的熔岩流层构成。正如盾状火山的形状归因于流动的镁铁质（玄武岩）熔岩，复合锥体反映了构成它们的物质的黏度。一般来说，复合锥体是富含二氧化硅的岩浆的产物，具有安山岩（中性质）成分。然而，许多复合锥体也会喷出不同数量的玄武岩熔岩，偶尔还会喷出具有长英质（流纹岩）成分的火山碎屑物质。典型的复合锥体安山岩岩浆会产生厚而黏稠的熔岩，其流动距离不到几千米。复合锥体还因产生爆炸性喷发而喷出大量火山碎屑物质而闻名。

大多数大型复合锥体的典型形状是圆锥形，具有陡峭的顶峰区域和逐渐倾斜的侧翼。这种常见于装饰日历和明信片的经典火山外形，从一定程度上说是由于黏稠的熔岩和火山碎屑喷射物质促进锥体生长的结果。从山顶火山口喷出的粗碎屑物质往往会在其源头附近积聚，并形成山顶周围的陡坡。而较细的喷射物质在较大范围内沉积，形成薄薄的一层，因此会使锥体的侧翼变平。此外，在生长的早期阶段，熔岩往往更充足，并且能够流到距离火山口更远的地方，这有助于把锥形底部塑造得更加宽大。随着复合火山的成熟，来自中央喷口的较短熔岩流起到了保护和加强山顶区域的作用，因此可能会形成超过 40 度的陡坡。两座最完美的圆锥体火山，菲律宾的马荣山和日本的富士山，展现了我们所期望的复合圆锥体火山的经典形状，具有陡峭的山顶和缓缓倾斜的侧翼（见图 5-16）。

尽管许多复合火山具有对称的形状，但大多数都有复杂的历史。许多复合火山的侧面都有次级喷口，产生了火山渣锥或更大的火山结构。这些结构周围巨大的火山碎屑土丘证明，在过去，这些火山的大部分都以大规模山体滑坡的形式滑下斜坡。由于爆炸性的横向喷发，一

图 5-16 富士山

日本的富士山展现了复合火山的典型形态：陡峭的山顶区域和较为平缓的侧翼。

资料来源：Koji Nakano/Getty Images。

些山峰在山顶形成了圆形剧场形状的洼地，就像 1980 年圣海伦斯火山喷发期间发生的情况。通常，这些火山喷发之后，山体形状往往会恢复得很好，以至于这些圆形的伤疤没有留下任何痕迹。其他一些层状火山，如俄勒冈州的火山口湖，却已因山顶坍塌而被截断（见图 5-22）。

最广为人知的火山结构是散布在地表的锥形复合火山。然而，火山活动也产生了其他独特的地貌。

破火山口

破火山口是直径超过 1 千米且呈圆形的大型陡峭洼地。那些直径小于 1 千米的被称为塌陷坑或火山口。大多数破火山口是由以下过程之一形成的：富硅的浮石和火山灰碎片爆炸性喷发后，大型复合火山的顶部坍塌（火山口湖型破火山口）；由中央岩浆房中的地下岩浆排出引起的盾状火山顶部坍塌（夏威夷型破火山口）；大量富硅浮石和火山灰沿环形断裂区喷出，造成大面积的坍塌（黄石型破火山口）。

火山口湖型破火山口。俄勒冈州的火山口湖位于一个宽约 10 千米、深 600米的火山口中。这个火山口形成于大约 7 000 年前，当时一个名为梅扎马火山的复合火山猛烈地喷出 50 ～ 70 立方千米的火山碎屑物质（见图 5-17）。火山喷发破坏了火山的结构，这个曾经突出的锥体在距其顶部 1 500 米处坍塌，产生了一个最终充满水的破火山口。后来，火山活动在火山口形成了一个小的火山渣锥。今天，这个被称为巫师岛的火山渣锥无声地警醒人们它的过去。

夏威夷型破火山口。许多破火山口是由于火山顶下方浅层岩浆室的熔岩流失而逐渐形成的。例如，夏威夷的活跃盾状火山冒纳罗亚火山和基拉韦厄火山的山顶都有大型的破火山口。基拉韦厄火山长 3.3 千米、宽 4.4 千米、深 150 米，侧壁几乎是垂直的。因此，破火山口看起来像一个巨大的、几乎是平底的深坑。岩浆缓慢地从下方岩浆房侧向流出，山顶失去支撑，逐渐下陷，最终形成了基拉韦厄火山的破火山口。

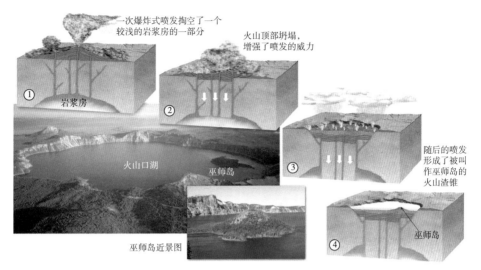

一次爆炸式喷发掏空了一个
较浅的岩浆房的一部分

火山顶部坍塌，
增强了喷发的威力

① 岩浆房

火山口湖

巫师岛

②

③

随后的喷发
形成了被叫
作巫师岛的
火山渣锥

巫师岛

④

巫师岛近景图

图 5-17　火山口湖型破火山口的形成

大约 7 000 年前，一次猛烈的火山喷发掏空了梅扎马火山的岩浆房的一部分，导致其顶部崩塌。降水和地下水共同形成了火山口湖，这是美国最深的湖，深 594 米，也是世界第九深的湖。

资料来源：Michael Collier；小图，USGS。

黄石型破火山口。与 63 万年前现今黄石国家公园所在地区发生的情况相比，所有历史性的火山喷发都显得苍白无力。当时，一场灾难性的喷发喷出了 1 000 立方千米的火山碎屑物质，将火山灰喷到远至墨西哥湾的地区，并形成了一个直径 70 千米的破火山口（见图 5-18a）。现今黄石地区的许多温泉和间歇泉就是这一事件的遗迹。

黄石型火山喷发喷出的大量火山碎屑物质，它们主要是火山灰和浮石碎片。火山静止后，炽热的灰烬和浮石碎片融合在一起，形成熔结凝灰岩，其与凝固的熔岩流极为相似。尽管这些破火山口规模巨大，但产生它们的喷发时间很短，仅持续数小时或数天。

这些大型的破火山口往往表现出复杂的喷发历史。例如，在黄石地区，已知在过去 210 万年内发生了三个破火山口形成事件（见图 5-18B）。最近一次喷发是 63 万年前，此后是脱气的流纹岩和玄武岩熔岩的间歇性喷发。在喷发活动期间，破火山口底部的缓慢隆升产生了两个升高的区域，叫作复苏穹窿（见图 5-18a）。最近的一项研究确定，黄石公园地下仍然存在一个巨大的岩浆房。因此，下一次可形成破火山口的火山喷发很可能会发生，但不一定马上就会发生。

图 5-18　黄石型破火山口

图（a），展示了黄石国家公园以及黄石破火山口的位置与大小。图（b），展示了黄石破火山口的喷发导致了图中所示的火山灰层。这几次喷发被较有规律的约 700 000 年的中断期所隔开。这些喷发中规模最大的一次是 1980 年圣海伦斯火山爆发规模的 10 000 倍。

黄石型破火山口数量如此众多且定义不清，以至于在获得高质量的航空和卫星图像之前，许多都未被发现。黄石型破火山口的例子还包括加利福尼亚州的长谷火山口、科罗拉多州南部圣胡安山脉的拉加里塔火山口、新墨西哥州洛斯阿拉莫斯以西的瓦莱斯火山口。这些火山口和在全球发现的类似破火山口，都是地球上最大的火山结构之一，因此有"超级火山"之称。火山学家将它们的破坏力与小行星撞击的破坏力相提并论。幸运的是，人类历史上没有发生过曾在黄石地区上演的火山喷发。

裂隙喷发和玄武岩高原

最大体积的火山物质是从地壳的裂缝中挤出的，它们被称为裂隙。裂隙喷发通常不会形成锥体，而是喷出玄武岩熔岩，覆盖广阔的区域（见图 5-19）。在地质学角度上相对较短的时间内，在一些地方，大量的熔岩在相对较短的时间内沿着裂缝被挤出。这些由大量的堆积物形成的地块通常被称为玄武岩高原，因为它们大多数具有玄武岩成分并且往往相当平坦和宽阔。

美国西北部的哥伦比亚高原由哥伦比亚河玄武岩组成，它是此类活动的产物（见图 5-20）。大量的裂隙喷发掩埋了原有地形，形成了近 1 500 米厚的熔岩高原。在保持熔化的状态下，一些熔岩足以从源头流出 150 千米。术语"溢流玄武岩"恰当地描述了这种喷出的作用。

类似于哥伦比亚高原的大量玄武岩熔岩堆积也发生在世界其他地方。其中最大的一个是德干地陷，这是一组覆盖印度中西部近 50 万平方千米的平坦玄武岩流。德干地陷形成于约 6 600 万年前，在大约 100 万年的时间里，喷出了近 200 万立方千米的熔岩。在海底还发现了其他几个巨大的溢流玄武岩沉积区，包括翁通爪哇洋底高原。

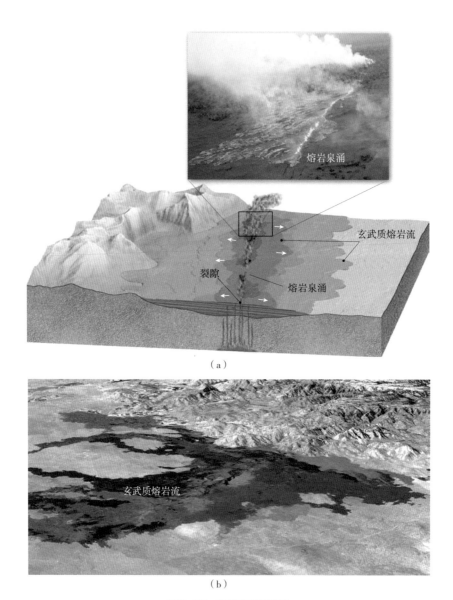

图 5-19　玄武质裂隙喷发

熔岩从一条裂隙里泉涌而出，并形成了被称为溢流玄武岩的高流动性熔岩流。下方的图片
展示了爱达荷瀑布附近的溢流玄武岩。

资料来源：图（a），USGS；图（b），NASA。

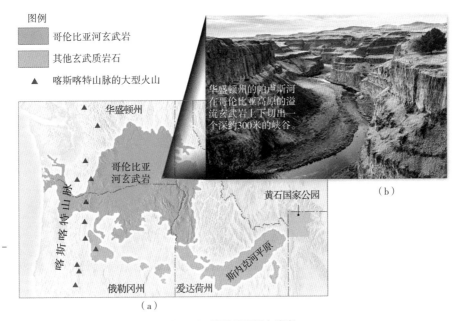

图 5-20　哥伦比亚河玄武岩

图（a），哥伦比亚河玄武岩覆盖面积近 164 000 平方千米，通常被称为哥伦比亚高原。这里的火山活动开始于 1 700 万年前，熔岩从巨大的裂隙中喷涌而出，最终形成了平均厚度超过 1 千米的玄武岩高原。图（b），哥伦比亚河玄武岩流暴露在位于华盛顿州西南部的帕卢斯河峡谷处。

资料来源：图（b），Zachary Frank/Alamy Stock Photo。

火山颈

　　大多数火山喷发都是通过连接浅岩浆房和位于地表的喷口的短岩浆管来输送熔岩的。当火山变得不活跃时，凝结的岩浆通常表现为粗糙的圆柱形物质，并被保存在之前用来输送岩浆的岩浆管中。然而，所有火山都会屈服于风化和侵蚀的力量。随着侵蚀的进展，在火山锥已被侵蚀殆尽后，占据岩浆管的高度抗风化的岩石仍会矗立于周围地形之上很长时间。新墨西哥州的船石是被地质学家称为火山颈（或火山塞）的这类构造中一个被广泛了解且十分壮观的例子（见图 5-21）。船石高 510 多米，比大多数摩天大楼都要高，它是美国西南部红色沙漠景观中众多引人注目的突出地貌之一。

最初的
火山结构

被有裂缝的
岩石和岩浆
充满的岩浆管

曼克斯页岩

风化和侵蚀
磨蚀了火山
和沉积岩

船石（火山颈）

现今的地表

曼克斯页岩

3 000英尺

510多米

地质学家的素描

图 5-21　火山颈

新墨西哥州的船石是一个高出地表 510 多米的火山颈。它由在火山岩浆喷口内冷却结晶的火成岩构成，并且已经被侵蚀了很久。

资料来源：Dennis Tasa。

Q3　火山为何既是"天使"也是"魔鬼"？

给大气和土壤带来生机的火山运动，也会给人类带来灾难：在空中，火山灰被抛到空中会给巡航中的飞机带来致命影响；在地面，炽热的火山灰和大块熔岩碎片形成的灼热巨浪会烧毁途径的城镇和村庄，造成人员和财产的重大损失。

在过去的 10 000 年里，地球上大约有 1 500 座已知火山至少喷发过一次，有些还多次喷发。根据历史记载和对活火山的研究，预计每年会有 70 次火山喷发。此外，预计每十年会有一次大规模喷发。这些大规模喷发导致了绝大多数与火山有关的伤亡。

如今，在日本、印度尼西亚、意大利和俄勒冈等地，估计有 5 亿人居住在活火山附近。他们面临许多火山灾害，例如破坏性的火山碎屑流、熔岩流、被称为火山泥流的泥石流，以及落下的火山灰和火山弹。

火山碎屑流：大自然的致命力量

最具破坏性的火山危害之一是火山碎屑流，由夹杂着炽热火山灰和较大熔岩碎片的炽热气体组成，也被称为火山云。这些炽热的气流可以超过 100 千米 / 时的速度冲下陡峭的火山斜坡（见图 5-22）。火山碎屑流由两部分组成：含有细粒火山灰的低密度热膨胀气体云，以及由浮石和其他多孔状火山碎屑物质组成的紧贴地面运动的组分。

（a）

（b）

图 5-22 火山碎屑流——最具破坏力的火山力量之一

图（a），这些火山碎屑流发生在菲律宾马荣山。火山碎屑流由快速冲下火山山坡的灼热火山灰、浮石和块状熔岩碎片组成。图（b），2014 年，在印度尼西亚锡纳朋山底部火山碎屑流中逃离的居民。

资料来源：图（a），USGS；图（b），Chaideer Mahyuddin/Getty Images。

受重力驱动。火山碎屑流受重力推动，并会以类似雪崩的方式移动。它们是由从熔岩碎片释放的膨胀火山气体和被困在移动前沿的热空气的膨胀所驱动的。这些气体减少了火山灰和浮石碎片之间的摩擦，于是它们就由重力推动，在几乎毫无摩擦的环境中冲下山坡。这就是一些火山碎屑流沉积物在距其源头数千米之外被发现的原因。

有时，携带少量火山灰的强大热风会从火山碎屑流的主体中分离出来。这些低密度云被称为热气浪涌，它们可能是致命的，但很少有足够的力量摧毁沿途的建筑物。然而，在 2014 年，来自日本御岳山的炽热火山灰云导致 47 名徒步旅行者丧生，另有 69 人受伤。

火山碎屑流可能起源于各种火山环境。有些发生在强大的喷发将火山碎屑物质从火山侧面喷出时。然而，更常见的是，火山碎屑流是由高大的喷发柱在爆炸事件中的坍塌产生的。当重力最终克服逸出气体提供的向上推力时，喷出的物质开始下落，大量炽热熔岩碎块、火山灰和浮石倾泻下坡。

圣皮埃尔的毁灭。1902 年，加勒比海马提尼克岛上的一座小火山佩莱火山喷发了，火山碎屑流及其引发的热气浪涌摧毁了港口城镇圣皮埃尔。虽然火山碎屑流主要局限于里维埃布兰奇河谷，但一股低密度的滚烫热气浪涌向河流南部蔓延，并迅速吞没了整个城市。灾难瞬间发生且极具摧毁性，圣皮埃尔的 28 000 名居民几乎全部遇难。只有城郊地牢里的一名囚犯和港口船上的一些人幸免于难（见图 5-23）。

灾难发生几天后，科学家赶到现场。他们后来在报告中说，虽然圣皮埃尔仅被一层薄薄的火山碎屑物质覆盖，但近一米厚的砖墙像多米诺骨牌一样被推倒，大树被连根拔起，大炮也被从炮架上拽脱。

庞贝城的毁灭。另外一个有据可查的具有历史意义的事件是公元 79 年意大利维苏威火山的爆发。在这次喷发之前的几个世纪里，维苏威火山一直处于休眠状态，在它向阳的山坡上还有很多葡萄园。然而，在不到 24 小时的时间里，整个庞贝城（那不勒斯附近）及数千名居民都被掩埋在一层火山灰和浮石之下。近 17 个世纪以来，这座城市和火山喷发的受害者一直被掩埋和遗忘。庞贝古城的发掘为考古学家描绘了古罗马生活的绝妙图景（见图 5-24a）。

（b）爆发前

（a）爆发后

图 5-23　佩莱火山爆发前和爆发后的圣皮埃尔市

图（a），所示为 1902 年佩莱火山爆发后不久的圣皮埃尔市。图（b），显示许多船只停泊在近海，这是火山爆发当天的情况。

资料来源：图（a），Library of Congress Prints and Photographs Division；图（b），Archive Farms/Getty Images。

通过将历史记录与对该地区的详细科学研究相对照，火山学家们才了解到灾难发生的进程。在喷发的第一天，火山灰和浮石以 12 ～ 15 厘米 / 时的速度积聚，导致庞贝古城的大部分屋顶最终坍塌。然后，突然间，一股灼热的火山灰和气体迅速席卷维苏威火山的侧翼。这种致命的火山碎屑流杀死了那些最初在火山灰和浮石坠落中幸存下来的人。尸体很快被落下的火山灰掩埋起来，随后的降水导致火山灰变硬。几个世纪过去了，遗骸分解掉了，到 19 世纪开展考古挖掘时，它们都成了空腔。考古学家将熟石膏倒入这些空腔中，重现了这些遗骸（见图 5-24B）。自公元 79 年以来，维苏威火山已经发生了 20 多次大喷发，最近一次发生在 1944 年。如今，维苏威火山耸立在那不勒斯的天际线上，该地区至今仍居住着大约 300 万人。这种情况应该会促使我们考虑未来如何应对火山危机。

图 5-24　公元 79 年维苏威火山爆发对庞贝城的破坏

图（a），罗马庞贝古城的废墟，正如现今所展现的。在不到 24 小时的时间里，火山灰和浮石像雨一样倾泻而下，庞贝城及其所有居民被埋在火山灰和浮石之下。图（b），庞贝火山喷发遇难者的石膏模型在考古现场展出。

资料来源：图（a），Olivier Goujon/Robert Harding World Imagery；图（b），Leonard Von Matt/Science Source。

火山泥流：活动和非活动火山锥上的泥石流

除了猛烈的火山喷发外，大型的复合火山锥可能还会产生一种流动性的泥石流，我们称之为火山泥流。当火山灰和火山碎屑物质被水浸透并迅速沿着陡峭的山坡向下移动时，这些破坏性的流体就会产生，且它们通常是沿着河谷运动的。一些火山泥流是当岩浆接近覆盖着冰川的火山表面，从而导致大量冰雪融化时被触发的。另一些则是在暴雨浸湿了风化的火山沉积物时产生的。因此，即使火山没有喷发，也可能发生火山泥流。

1980 年圣海伦斯火山爆发时，发生了好几次火山泥流。这些泥流伴随着洪水以超过 30 千米 / 时的速度沿着附近的河谷冲下。这些湍急的泥流摧毁或严重损坏了行进道路上几乎所有的房屋和桥梁（见图 5-25）。幸好，这个地区的人口并不密集。

（b）

（a）

图 5-25　火山泥流

图（a），1982 年 3 月 19 日火山喷发后，这股火山泥流从圣海伦斯火山积雪覆盖的山坡上倾泻而下。图（b），1982 年印尼加隆贡火山爆发后形成的火山泥流带来的后果。

资料来源：USGS。

1985 年，在哥伦比亚安第斯山脉，海拔 5 300 米的鲁伊斯火山发生了一次小型喷发，从而形成了致命的火山泥流。灼热的火山碎屑物质融化了覆盖在山顶上的冰雪，并使火山灰和火山碎屑物质形成的激流沿着火山侧面的 3 条主要河谷奔流而下。这些泥流的速度达到 100 千米 / 时，无情地夺走了 25 000 人的生命。

许多人认为，华盛顿的雷尼尔火山是美国最危险的火山，因为它和鲁伊斯火山一样终年被积雪和冰川覆盖。超过 100 000 人居住在雷尼尔火山周围的山谷中，并且许多住宅是建造在成百上千年前冲下山坡的火山泥流所留下的沉积物上的，这增加了灾害的风险。未来的一次喷发，或者可能只是一段比平常降水量更多的时期，都可能会产生具有类似破坏力的火山泥流。

其他火山灾害

火山可能以其他方式危害人类的生命和财产安全。灰烬和其他火山碎屑物质可能会使建筑物的屋顶倒塌，或者可能被吸入人和其他动物的肺部或飞机发动机中（见图 5-26）。火山气体，尤其是二氧化硫，会污染空气，而且当它们与雨水混合时，会生成酸性物质破坏植被并污染地下水。尽管存在已知风险，但仍有数百万人居住在活火山附近。

与火山有关的海啸。虽然海啸最常与沿海底断层的位移有关，但有些海啸是由火山锥坍塌引起的。这一点在 1883 年印度尼西亚喀拉喀托岛的火山喷发中得到了强有力的证明。当时一座火山的北半部坠入巽他海峡，引发了高度超过 30 米的海啸。尽管喀拉喀托无人居住，但在爪哇岛和苏门答腊岛的海岸线上估计有 36 000 人丧生。

火山气体与呼吸道健康。拉基火山爆发是最具破坏性的火山事件之一，它始于 1783 年冰岛南部的一条大裂隙。据估计，它除了释放 1.3 亿吨二氧化硫和其他有毒气体，还释放了 14 立方千米的流动性玄武质熔岩。当二氧化硫被吸入后，它与肺部的水分发生反应，产生硫酸。这次火山喷发释放的二氧化硫导致冰岛 50% 以上的牲畜死亡，随之而来的饥荒令岛上 25% 的人失去了生命。

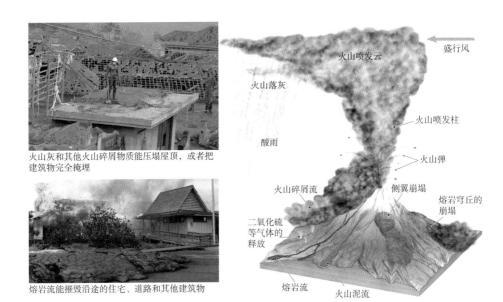

火山灰和其他火山碎屑物质能压塌屋顶，或者把建筑物完全掩埋

熔岩流能摧毁沿途的住宅、道路和其他建筑物

图 5-26 火山灾害

除了产生火山碎屑流和火山泥流，火山还可以通过很多其他的途径危害人类的生命和财产安全。

资料来源：左侧上方图，Aman Rochman/Getty Images；左侧下方图，USGS。

这次大喷发危及了整个欧洲人的人身和财产安全。西欧部分地区作物歉收，成千上万的居民死于与肺有关的疾病。最近的一份报告估计，现今一次类似规模的火山喷发，仅在欧洲就会造成超过 14 万人死于心肺疾病。

火山灰和火山气体对天气与气候的影响。火山喷发能将呈粉尘大小的火山灰颗粒和二氧化硫气体喷射到高空大气中。火山灰颗粒将太阳的能量反射回太空，造成短暂的大气降温。以 1783 年冰岛火山喷发为例，全球大气环流都受到了影响。1784 年的冬天是新英格兰历史上零下气温持续时间最长的一年，而尼罗河流域和印度则普遍处于干旱状态。

其他对全球气候产生重大影响的火山爆发包括 1815 年印度尼西亚坦博拉火山爆发，它导致了"无夏之年"（1816 年），以及 1982 年墨西哥的埃尔奇琼火山爆发。埃尔奇琼火山的喷发虽然规模不大，但释放了异常多的二氧化硫，这些二氧化硫与大气中的水蒸气发生反应，形成了由微小的硫酸液滴组成的浓云。这些被称为气溶胶的粒子需要几年时间才能沉降下来。像细火山灰一样，这些气溶胶通过将太阳辐射反射回太空而降低大气的平均温度。

Q4　岩浆如何孕育而成？

火山喷发是剧烈而壮观的事件，并且不为我们所见的火山内部也同样震撼。大多数岩浆都在地下深处停滞和结晶，没有任何醒目标志。因此，理解发生在地下深处的岩浆侵入过程可以帮助我们了解火山内部的情况，这与研究火山地貌、熔岩和火山灰同样重要。

侵入体的性质

当岩浆上升穿过地壳时，它有力地替换掉了原先存在的地壳岩石，这些岩石被称为原岩或围岩。由岩浆侵入原有岩石形成的结构被称为侵入体或深成岩体。由于所有侵入体都形成于地表以下，所以只有当它们抬升和侵蚀而露出地表后，人们才能研究它们。我们面临的挑战是重现形成这些数百万年前位于地下深处的结构对应的那些事件。

侵入体的大小和形状是多种多样的，一些最常见的类型如图 5-27 所示。请注意，有些深成岩体具有平板（片）形状，而另一些则呈块状（团状）。另外，可以观察到这些侵入体中的一些穿过原有的结构，比如穿过沉积岩层，而另一些则是在岩浆被注入沉积层之间时形成的。由于这些差异，人们通常根据岩浆侵入体的形状将它们分为板状（像片一样）或块状，同时也根据它们相对于原岩的方位进行分类。侵入体如果穿切了既有结构，就被称作不整合侵入；如果它们与沉积层等地层平行，就被称作整合侵入。

板状侵入体：岩脉和岩床

当岩浆被强行注入裂缝或诸如层理面这样的薄弱部分时，就会产生板状侵入体（见图 5-27）。岩脉是不整合侵入体，会穿切围岩中的层理面或其他结构。相比之下，岩床是几乎水平的、整合的侵入体，是在岩浆注入沉积层或其他结构之间的薄弱部分时形成的（见图 5-28）。一般来说，岩脉是输送岩浆的板状通道，而岩床则倾向于积累岩浆并逐渐增加厚度。

岩脉和岩床是典型的浅层地貌，发生在围岩很脆、易断裂的地方。它们的厚度从不到 1 毫米到超过 1 千米不等。

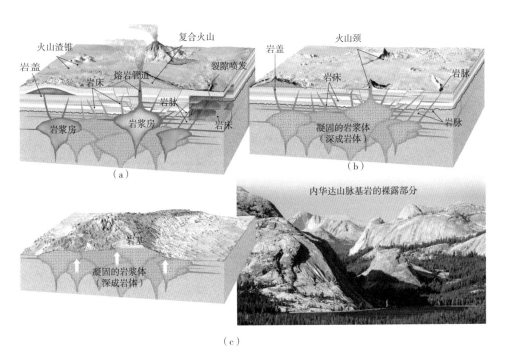

图 5-27　岩浆侵入体

图（a），火山活动和岩浆侵入活动之间的关系。图（b），基本的侵入结构，其中一些因侵蚀而被暴露出来。图（c），广泛的抬升作用和侵蚀作用把由许多较小岩浆侵入体（深成岩体）组成的岩基暴露出来。

资料来源：右下方图，age Fotostock/ Alamy Stock Photo。

　　虽然岩脉和岩床可以作为单独的侵入体出现，但岩脉倾向于形成大致平行的群体，被称为岩脉群。这些多重结构反映了脆性围岩在受到张应力时，破裂成组出现的趋势。岩脉也会从被侵蚀的火山颈上呈辐射状发育，就像车轮上的辐条一样。在这种情况下，活跃的上升岩浆使火山锥产生了裂隙，且岩浆从中流出。岩脉通常比周围的岩石风化得慢。因此，当因侵蚀而露出地面时，岩脉往往呈现墙状外观，如图 5-29 所示。

图 5-28　暴露在犹他州辛巴德郊野的岩床

那些暗色的、基本水平的条带，是侵入水平沉积岩层的玄武质组分的岩床。

资料来源：Michael Collier。

图 5-29　科罗拉多州西班牙峰处暴露在外的岩脉

这一条细长的岩脉由比周边物质更耐风化的火成岩构成。

资料来源：Michael Collier。

　　由于岩脉和岩床的厚度相对均匀，可以延伸好几千米，因此一般认为它们是流动性强因此移动能力也很强的岩浆的产物。在美国，被研究得最充分且最大的岩床之一是帕利塞兹岩床。它位于纽约州东南部和新泽西州东北部的哈得孙河西岸，绵延 80 千米，厚约 300 米。因为它极耐侵蚀，所以形成了一个壮观的悬崖，从哈得孙河的对面都很容易看到。

柱状节理。 在许多方面，岩床与被掩埋在地下的熔岩流极为相似。两者都是板状的，可以有很宽的空间展布，且展现出柱状节理。当火成岩冷却并产生收缩裂缝时，就形成了柱状节理，它呈细长的柱状，通常有 6 个边（见图 5-30）。此外，由于岩床通常形成于近地表环境，且厚度可能只有几米，因此侵入的岩浆冷却速度通常很快，足以形成细粒结构。

图 5-30　柱状节理

北爱尔兰的巨人之路是柱状节理的一个绝佳例子。

块状侵入体：岩基、岩株和岩盖

最大的岩浆侵入体是岩基，远超其他侵入体。岩基呈巨大的线状结构，数百千米长，可达 100 千米宽（见图 5-31）。例如，内华达山脉的岩基是一个连续的花岗岩结构，构成了加利福尼亚州内华达山脉的大部分。有一个更大的岩基沿着加拿大西部的海岸山脉延伸超过 1 800 千米，直达阿拉斯加州南部。尽管岩基覆盖面积很大，但最近的地球物理研究表明，大部分岩基的厚度不到 10 千米，有些甚至更薄，例如秘鲁的沿海岩基基本上是一块平板，平均厚度只有 2 ~ 3 千米。

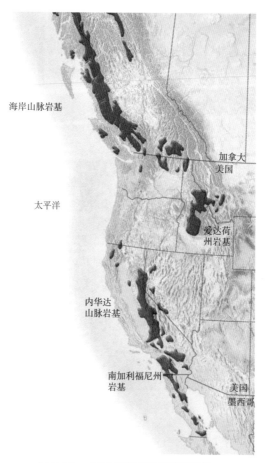

图 5-31　北美西部边缘的花岗岩岩基

这些巨大且细长的岩体由大约 1.5 亿年前开始侵位的大量深成岩岩体组成。

早期的调查人员认为，内华达山脉的岩基是一个巨大的侵入火成岩单体。今天我们知道，大型岩基是由数百个深成岩体组成，这些深成岩体紧密地相互挤压或相互侵入。这些球状物质的形成花去了数百万年。例如，创造内华达山脉岩基的侵入活动几乎持续了 1.3 亿年，结束于大约 8 000 万年前（见图 5-31）。

岩基通常被定义为表面暴露面积大于 100 平方千米的深成岩。较小的深成岩被称为岩株。然而，许多岩株似乎是更大的岩浆侵入体的一部分，如果它们完全暴露在外，就会被归类为岩基。

岩盖。19 世纪，美国地质调查局的 G. K·吉尔伯特（G. K. Gilbert）在犹他州的亨利山脉进行了一项研究，首次清楚地证明了岩浆侵入体能够抬升它们所渗入的沉积层。吉尔伯特把他观察到的岩浆侵入体叫作岩盖，他认为岩盖是在沉积层之间强行注入的火成岩，将上面的岩层拱起，同时下面的岩层仍保持相对平坦。现在人们知道，亨利山脉的五大主峰不是岩盖，而是岩株。然而，正如吉尔伯特所定义的那样，这些中央岩浆侵入体的一些分支是真正的岩盖，构成岩盖的物质来源于此（见图 5-32）。

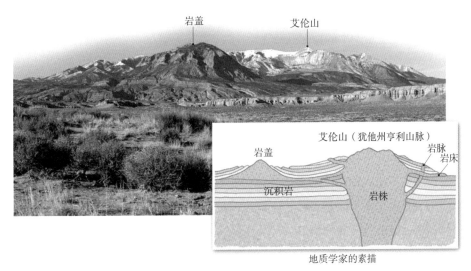

图 5-32 亨利山脉的五大主峰之一艾伦山

尽管亨利山脉的主要侵入体为岩株，但这些结构也衍生出了许多岩盖。

资料来源：Mark A. Wilson, Department of Geology, The College of Wooster。

此后，人们在犹他州又发现了许多其他花岗质岩盖。其中最大的岩盖是位于犹他州圣乔治北部的松谷山脉的一部分，其他的则在拱门国家公园附近的拉萨尔山脉和其南部的亨利山脉。

地震波研究提供的证据表明，地球的地壳和地幔主要由固体岩石而不是熔岩组成。如果地壳和地幔大部分是固体，那么岩浆又是如何产生的呢？答案是构造过程通过各种方式触发熔融。

部分熔融

回想一下，火成岩是由多种矿物质组成的。由于这些矿物具有不同的熔点（矿物从固态变为液态的温度），火成岩往往会在至少 200℃ 的温度范围内熔化。当岩石开始熔化时，熔点最低的矿物最先熔化。熔点较高的矿物随后也开始熔化，熔体的成分逐渐接近产生熔体的岩石的整体构成。

然而，大多数情况下，熔化并不完全。岩石的不完全熔化被称为部分熔融，这是产生大部分岩浆的过程。我们可以将岩石的部分熔融比作将一块坚果巧克力饼干放在阳光下所发生的情况。巧克力片代表熔点最低的矿物质，它们会先于其他成分开始融化。与巧克力饼干不同，当岩石部分熔融时，熔化的物质会与固体成分分离。这种熔融物质的密度也低于剩余固体的密度，因此它会朝地表上升。

从固体岩石中产生岩浆

身处地下矿井的矿工知道，当他们深入地表以下时，温度会升高。虽然温度变化速率因地而异，但在地壳上部，深度每增加一千米，温度平均会上升约 25℃，这种温度随深度的增加被称为地温梯度。然而，如图 5-33 所示，当我们将典型的地温梯度与地幔岩石橄榄岩的熔点曲线进行比较时，会发现橄榄岩的熔点要高于地温梯度。因此，在正常情况下，地幔主要是坚硬的岩石。

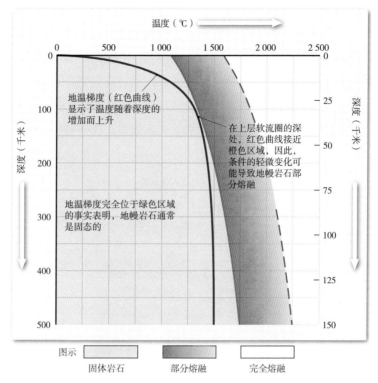

图 5-33 图解为什么地幔主要是固态的

这张图显示了地壳和上地幔的地温梯度（温度随深度的增加而增加）。地幔岩石橄榄岩的熔点曲线也被绘制在上面。当我们将温度随深度的变化（地温梯度）与橄榄岩的熔点进行比较时，发现在每个深度处，橄榄岩的熔点都高于地温梯度。因此在正常情况下，地幔是固态的。

压力降低：减压熔融。如果温度是决定岩石是否熔化的唯一因素，那么地球将是一个熔融的球体，上面覆盖着一层薄而坚固的外壳。然而，同样随深度增加的压力也会影响岩石的熔点。

当岩石融化时，它们的体积会增加。由于上覆岩石的重量施加的围压随着深度的增加而稳定增加，因此岩石的熔点也随着深度的增加而增加。反之亦然，降低围压会降低岩石的熔化温度。当围压充分下降时，就会触发减压熔融。减压熔融发生在高温、坚固的地幔岩石上升的地方，从而移动到低压区域，并降低岩石的熔化温度。

大多数减压熔融发生在扩张中心（离散型板块边界），两个板块相互远离，在洋壳中产生裂缝。结果，热地幔岩石上升并熔化，产生玄武质岩浆，凝固后在两个离散的板块之间形成新的洋壳（见图 5-34）。当上升的地幔柱到达最上层地幔时，也会发生减压熔融。如果上升的岩浆到达地表，就会引发热点火山活动。

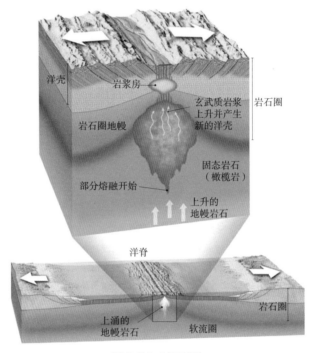

图 5-34　减压熔融

随着热地幔岩石的上升，它不断地向低压强区移动。围压的下降引起了在上地幔发生的减压熔融。减压熔融在没有外部能量（热量）来源的情况下就能发生。

添加水以引发熔化。影响岩石熔化温度的另一个因素是其含水量。水和其他挥发物的作用就像盐融化冰一样。也就是说，水会使岩石在较低温度下熔化，就像在结冰的人行道上撒上岩盐会促进冰的融化一样。

　　水的引入主要发生在汇聚型板块边界，大洋岩石圈的冷板块下降到地幔中
（见图 5-35）。回想一下，在洋壳沿着洋脊形成之后，海底不断扩张使地壳远离
洋脊。随着地壳与通过裂缝渗透到几千米深处的冷海水相互作用，地壳逐渐冷
却。当海水在年轻的热地壳中循环时，水变得足够热，可以与玄武岩层发生化学反
应，形成水合（含水）矿物。矿物水合是一种化学反应，其中水被添加到矿物的晶
体结构中，通常会产生新的矿物。例如，矿物橄榄石与热海水发生化学反应，生成
水合矿物蛇纹石 $[Mg_3Si_2O_5(OH)_4]$。

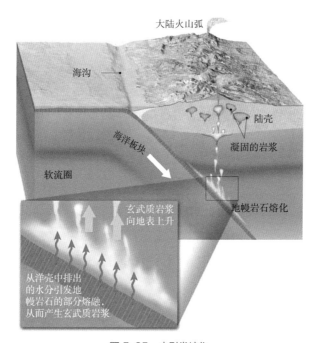

图 5-35　水引发熔化

当大洋板块沉入地幔时，水和其他挥发物从洋壳岩石中被排出，
进入上方的地幔楔形物中。在大约 100 千米深处，地幔岩石足够
热以至于水的加入可以引发熔化。

　　当一块含水的、富含矿物质的洋壳到达俯冲带时，它开始下降到下面的热地
幔中。当海洋板块下沉时，它会变暖并导致水合矿物质释放水——这一过程被称
为脱水。由于新释放的流体具有浮力（密度较低），它们会迁移到位于俯冲板块

正上方的热地幔楔中。在大约 100 千米的深度，地幔楔的岩石温度足够高，以至于水的加入会导致一些地幔岩石熔化。

地幔岩石橄榄岩的部分熔融会产生温度可能超过 1 250 ℃ 的玄武质岩浆。与通过减压熔融过程沿洋脊形成的玄武质岩浆相比，该过程产生的岩浆富含挥发物（主要是水和二氧化碳）。这种差异导致了与俯冲带火山活动相关的爆炸性喷发。

温度升高：熔化地壳岩石。源自地幔的玄武质岩浆往往比周围的岩石密度低，这导致岩浆向地表浮升。在海洋环境中，这些玄武质岩浆经常在海底喷发形成海山，海山可能生长形成火山岛，比如夏威夷群岛。然而，在大陆环境中，玄武质岩浆经常在低密度地壳岩石下汇聚成池。这些上覆岩石的熔化温度低于玄武质岩浆，而炽热的玄武质岩浆可能会充分加热它们，从而产生富含二氧化硅的长英质岩浆的次生熔体。如果这些低密度长英质岩浆到达地表，它们往往会产生爆炸性喷发。

地壳岩石也会在大陆碰撞期间熔化，从而形成大型造山带。在这些事件中，地壳大大增厚，一些地壳岩石被深埋到温度升高到足以引起一些熔化的深度。以这种方式产生的长英质（花岗岩）岩浆通常在到达地表之前就凝固了，因此火山活动通常与这些碰撞型山带无关。

综上所述，岩浆可以通过三种方式产生：压力降低（温度不升高）可以导致减压熔融；水的引入可以充分降低热地幔岩石的熔化温度以产生岩浆；将地壳岩石加热到高于其熔点会产生岩浆。

Q5　世界上最活跃的火山在哪里？

夏威夷的基拉韦厄火山是世界上最活跃的火山之一，它距离最近的板块边界几千千米,位于广阔的太平洋板块的中间。板块内的火山活动还构成了哥伦比亚河玄武岩、俄罗斯的西伯利亚地陷、印度的德干高原和几个大型海底高原。我们知道岩浆活动会沿着板块边界开始,但为什么火山爆发也会发生在板块内部呢?

几十年来,地质学家已经知道地球上大部分火山的全球分布并不是随机的。大多数陆地上的活火山都位于洋盆的边缘——特别是在环太平洋火山带内(见图 5-36),那里密度较大的海洋岩石圈俯冲到大陆岩石圈之下。还有一组火山包括沿着洋脊的脊顶部形成的无数海山。然而,一些火山似乎随机分布在全球各地。这些火山结构构成了海盆的大部分岛屿,包括夏威夷群岛、加拉帕戈斯群岛和复活节岛。

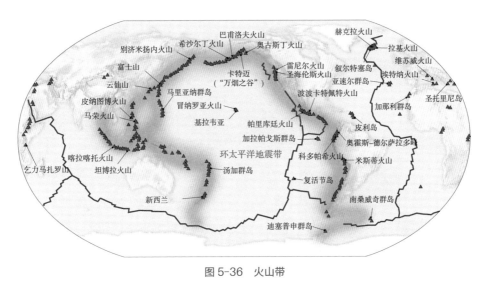

图 5-36　火山带

地球上大多数的主要火山都位于一个环太平洋火山带的区域内。另一大群活火山位于洋脊系统,其中很多尚未被发现。

抛开海盆形成的火山不谈,板块构造理论的发展为地质学家提供了对地球火山分布的合理解释,奠定了板块构造与火山活动的基本联系。

离散型板块边界的火山活动

　　大部分岩浆沿着与海底扩张相关的离散型板块边界喷发，它们在人类视线之外（见图 5-37b）。在岩石圈板块不断被拉开的脊轴下方，坚固但流动的地幔上升以填充裂谷。回想一下，当炽热的岩石上升时，它会经历围压下降，并可能经历减压熔融。这种活动不断地将新的玄武岩添加到板块边缘，将它们暂时焊接在一起，但随着继续扩散，它们又会再次分裂。沿着一些洋脊段，枕状熔岩的喷出形成了许多火山结构，其中最大的是冰岛。

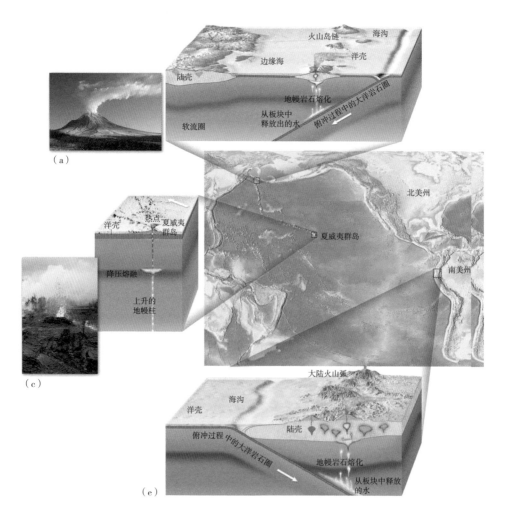

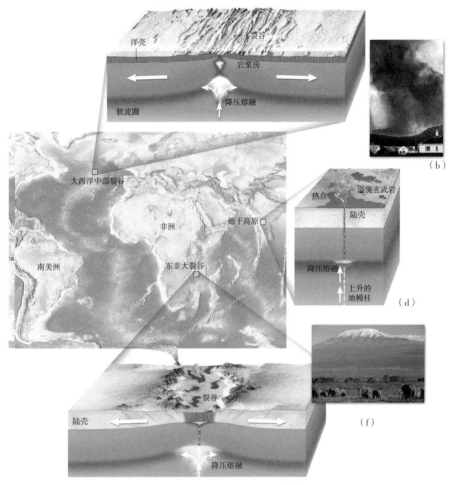

图 5-37 地球上的火山活动地带

图（a），汇聚型板块边界火山活动。当一个海洋板块俯冲时，在地幔中发生的熔化产生了岩浆，从而在上方的洋壳上形成了火山岛链。图（b），离散型板块边界火山活动。沿着洋脊，即两个板块被相互拉开的地方，上涌的热地幔岩石产生新的海床。图（c），板块内部火山活动。当海洋板块在一个热点上方移动过去时，会形成一条火山结构的链，比如夏威夷群岛就是这么形成的。图（d），大陆内部火山活动。当一个巨大的地幔柱上升到陆壳下方时，大量流出的流体玄武质熔岩就可能产生，就像那些形成了德干高原的熔岩一样。图（e），汇聚型板块边界火山活动。当大洋岩石圈沉入大陆下方时，地幔中产生的岩浆上升并形成一个大陆火山弧。图（f），离散型板块边界火山活动。当板块运动把一个大陆块扯开时，岩石圈被拉伸并变薄，从而导致熔化的岩石从地幔中升上来。

资料来源：图（a）和图（c），USGS；图（b），Bettmann/Getty Images，图（f），Fuse/Corbis/Getty Images。

　　虽然大多数扩张中心位于洋脊轴上，但有些不是。东非大裂谷是大陆岩石圈被拉开的一个显著的例子（见图 5-37f）。在地球的这一地区发现了大量流淌的玄武质熔岩以及几座活火山。

汇聚型板块边界的火山活动

　　回想一下，沿着汇聚的板块边界，两个板块相互靠近，一块致密的海洋岩石圈板片下沉到地幔中。在这些环境中，从俯冲洋壳中发现的水合（富水）矿物中释放的水因浮力向上并触发上方热地幔的部分熔融（见图 5-37a）。

　　汇聚型板块边界的火山活动导致略微弯曲的火山链的发展，这些火山链的发展大致平行于相关的海沟，距离为 200 ～ 300 千米。在大多数地图集中，在海洋中形成并增长到足以使其顶部高出海平面的火山弧被标记为群岛。

　　地质学家更喜欢使用描述性更强的术语"火山岛链"，或简称岛弧（见图 5-37a）。几个年轻的火山岛弧与西太平洋盆地接壤，包括阿留申群岛、汤加群岛和马里亚纳群岛。

　　与汇聚型板块边界相关的火山活动也可能发生在大洋岩石圈板块俯冲到大陆岩石圈下方以产生大陆火山弧的地方（见图 5-37e）。产生这些地幔源岩浆的机制与产生火山岛弧的机制基本相同。最显著的区别是陆壳比洋壳厚得多，并且由二氧化硅含量更高的岩石组成。

　　因此，通过熔化周围富含二氧化硅的地壳岩石，地幔源岩浆在穿过地壳上升时改变了成分。美国西北部喀斯喀特山脉的火山，包括胡德山、雷尼尔火山、沙斯塔山和圣海伦斯火山，都是在汇聚型板块边界处沿大陆边缘形成的火山（见图 5-38）。

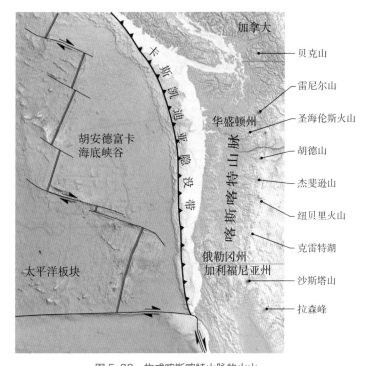

图 5-38 构成喀斯喀特山脉的火山

胡安德富卡板块的俯冲产生了喀斯喀特山脉的主要火山。

板内火山活动

一个被广泛接受的假说[①]认为，大多数板内火山活动发生在相对较窄的热物质（被称为地幔柱）向地表上升时，如图 5-39a 所示。虽然地幔柱起源的深度是一个有争议的话题，但一些被认为形成于地球深处的地核－地幔边界处。这些固态但流动的岩石构成的地幔柱以类似于熔岩灯内形成的液滴的方式升向地表。熔岩灯在玻璃容器中装有两种不相溶的液体。当灯的底部被加热时，底部的液体会浮起来并形成液滴上升到顶部。就像熔岩灯中的液滴一样，地幔柱有一个球茎状的头部，它上升时在其下方拉出一条狭窄的茎或尾巴。这种活动对应的表面区域

---

① 假说是对一组给定观察结果的尝试性科学解释。尽管地幔柱假说被广泛接受，但与板块构造理论不同，它的有效性仍未得到验证。

被称为热点，一种存在火山活动、高热流，以及数百千米宽的地壳抬升区域。

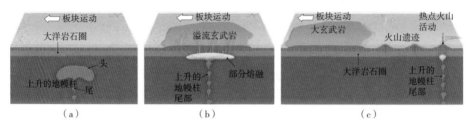

图 5-39 地幔柱和大型玄武岩高原

热点火山活动被认为可以解释大型玄武岩高原的形成以及与这些特征相关的火山岛链。图（a），具有球根状头部的地幔柱被认为是地球上大玄武岩产生的原因。图（b），地幔柱头部迅速的减压熔融导致了溢流玄武岩在较短时间内大量喷出。图（c），由于板块运动，上升的地幔柱尾部引发的火山活动产生了一个线状的拥有较小火山结构的火山链。

被称为超级地幔柱的大型地幔柱被认为是玄武岩高原的玄武岩熔岩大量喷出的诱因。当地幔柱头部到达岩石圈底部时，减压熔融过程迅速进行。这导致火山爆发，在 100 万年左右的时间内喷出大量熔岩流（见图 5-39b）。这种类型的极端喷发会影响地球的气候，导致（或至少促成）化石记录中记录的灭绝事件。

随着地幔柱末尾慢慢上升到地表，相对较短的初始喷发阶段之后通常会出现数百万年的规模较小的活动。一些大型溢流玄武岩高原会向外延伸链状火山结构，类似于夏威夷岛链（见图 5-39c）。

与地幔柱相关的板内火山活动也被认为是造成大陆环境中富含二氧化硅的火山碎屑物质大量喷发的原因。也许这些热点喷发中最著名的是过去 210 万年来黄石地区发生的三次形成破火山口的喷发（见图 5-18）。

┌─ 你知道吗？ ─┐

华盛顿州的雷尼尔山海拔 4 392 米，是构成喀斯喀特山脉主干的 15 座火山中最高的一座。

要点回顾
Foundations of Earth Science >>>

- 因为玄武质熔岩黏度较低,所以在喷发时相对温和,而喷出长英质熔岩(流纹岩和安山岩)的火山往往爆炸性更强。

- 火山地貌多种多样,但有一些共同特征。它们大多数是中央岩浆喷口周围的喷射物堆积形成的近似圆锥形的堆。岩浆喷口通常位于山顶的火山口或破火山口内。在火山的侧面,可能有着被称为寄生锥的较小的岩浆喷口,或排出气体的喷气孔。

- 对人类生命危害最大的火山灾害是火山碎屑流(或称火山云)。这种由高温气体和火山碎屑组成的稠密混合物以极快的速度冲下山坡,焚毁沿途的一切。大气中的火山灰被吸入飞机引擎时,可能对飞机构成威胁。当海平面上的火山喷发或其侧翼坍塌进入海洋时,可能会引发海啸。此外,喷出大量二氧化硫等气体的火山会导致呼吸道疾病。

- 当岩浆侵入其他岩石时,它可能在到达地表之前就冷却并结晶,产生被称为深成岩体的侵入体。深成岩体的形状多种多样。它们可能在不受先前存在结构约束的情况下穿切围岩,或者岩浆也可能沿着围岩的薄弱地带流动,例如在水平的沉积层之间流动。

- 火山喷发既发生在汇聚型板块边界和离散型板块边界,也发生在板块内部。在板块内部,岩浆的来源是地幔柱——一个由上升的炽热固态地幔岩石组成的柱体,并在地幔的最上部开始熔化。

未来，属于终身学习者

我们正在亲历前所未有的变革——互联网改变了信息传递的方式，指数级技术快速发展并颠覆商业世界，人工智能正在侵占越来越多的人类领地。

面对这些变化，我们需要问自己：未来需要什么样的人才？

答案是，成为终身学习者。终身学习意味着永不停歇地追求全面的知识结构、强大的逻辑思考能力和敏锐的感知力。这是一种能够在不断变化中随时重建、更新认知体系的能力。阅读，无疑是帮助我们提高这种能力的最佳途径。

在充满不确定性的时代，答案并不总是简单地出现在书本之中。"读万卷书"不仅要亲自阅读、广泛阅读，也需要我们深入探索好书的内部世界，让知识不再局限于书本之中。

湛庐阅读 App: 与最聪明的人共同进化

我们现在推出全新的湛庐阅读 App，它将成为您在书本之外，践行终身学习的场所。

- 不用考虑"读什么"。这里汇集了湛庐所有纸质书、电子书、有声书和各种阅读服务。
- 可以学习"怎么读"。我们提供包括课程、精读班和讲书在内的全方位阅读解决方案。
- 谁来领读？您能最先了解到作者、译者、专家等大咖的前沿洞见，他们是高质量思想的源泉。
- 与谁共读？您将加入优秀的读者和终身学习者的行列，他们对阅读和学习具有持久的热情和源源不断的动力。

在湛庐阅读 App 首页，编辑为您精选了经典书目和优质音视频内容，每天早、中、晚更新，满足您不间断的阅读需求。

【特别专题】【主题书单】【人物特写】等原创专栏，提供专业、深度的解读和选书参考，回应社会议题，是您了解湛庐近千位重要作者思想的独家渠道。

在每本图书的详情页，您将通过深度导读栏目【专家视点】【深度访谈】和【书评】读懂、读透一本好书。

通过这个不设限的学习平台，您在任何时间、任何地点都能获得有价值的思想，并通过阅读实现终身学习。我们邀您共建一个与最聪明的人共同进化的社区，使其成为先进思想交汇的聚集地，这正是我们的使命和价值所在。

CHEERS

湛庐阅读 App
使用指南

读什么

· 纸质书
· 电子书
· 有声书

与谁共读

· 主题书单
· 特别专题
· 人物特写
· 日更专栏
· 编辑推荐

怎么读

· 课程
· 精读班
· 讲书
· 测一测
· 参考文献
· 图片资料

谁来领读

· 专家视点
· 深度访谈
· 书评
· 精彩视频

HERE COMES EVERYBODY

下载湛庐阅读 App
一站获取阅读服务